Die Volksernährung
Veröffentlichungen aus dem Tätigkeitsbereiche des
Reichsministeriums für Ernährung und Landwirtschaft
Herausgegeben unter Mitwirkung des
Reichsausschusses für Ernährungsforschung

5. Heft

Die Verwertung des Roggens
in ernährungsphysiologischer und
landwirtschaftlicher Hinsicht

Nach Versuchen von
Professor C. Thomas-Leipzig, Professor A. Scheunert-Leipzig,
Privatdozent W. Klein-Berlin, Maria Steuber-Berlin, Professor
F. Honcamp-Rostock, Dr. C. Pfaff-Rostock
und dem Berichterstatter

mitgeteilt von

Max Rubner
Geh. Ober-Medizinalrat
Professor a. d. Universität
Berlin

Mit einer Abbildung

Berlin
Verlag von Julius Springer
1925

ISBN 978-3-642-93774-3   ISBN 978-3-642-94174-0 (eBook)
DOI 10.1007/978-3-642-94174-0

Alle Rechte, insbesondere das der Übersetzung
in fremde Sprachen, vorbehalten.

Inhaltsverzeichnis.

Seite
Einleitung. Von Geheimrat Professor M. Rubner 1

Erster Teil.
Versuche über die Verdaulichkeit von Roggenbrot, hergestellt aus Mehl verschiedener Ausmahlung. Berichtet von Geheimrat Professor M. Rubner 6

Zweiter Teil.
Versuche, ausgeführt an der landwirtschaftlichen Versuchsstation Rostock in Mecklenburg. Von Professor F. Honcamp und Dr. C. Pfaff 22

Dritter Teil.
Versuche, ausgeführt im Tierphysiologischen Institut der Landwirtschaftlichen Hochschule zu Berlin. Von Professor A. Scheunert, Privatdozent W. Klein und Maria Steuber 32

Vierter Teil.
Gesamtergebnisse: Die Auswertung des Roggens 45

Einleitung.

Von
Geheimrat Professor M. Rubner.

Die Getreidearten liefern für die menschliche Ernährung einen wesentlichen Teil der Volksnahrung, bei den Europäern zwischen 40—60%, bei vielen asiatischen Völkern noch viel mehr. Die Mehrzahl der Weltbevölkerung gehört allerdings noch zu den Breiessern, welche Brot nicht herstellen, wie die Reisesser. Bei uns war der Brotverbrauch noch Ende des 18. und zu Beginn des 19. Jahrhunderts viel größer wie heutzutage. Das Brot ist in Deutschland allmählich durch die Kartoffel verdrängt worden. Heute bestehen bei uns 40,8% des Konsums aus Brot- und Mehlverbrauch und 12,0% der Kost aus Kartoffeln, während der Italiener kaum 2% seiner Nahrung durch die letztere deckt. In Deutschland wurden vor dem Krieg 7,6 Millionen Tonnen Roggen und 3,7 Millionen Tonnen Weizen geerntet und 2 Millionen Tonnen Weizen eingeführt, woraus sich ein Verhältnis des Konsums von 1 Teil Weizen zu 1,6 Teilen Roggen ergibt. In anderen Ländern tritt der Roggen als Brotfrucht gegenüber dem Weizen sehr oder völlig zurück.

Die Müllerei stellt aus dem Getreide nicht eine Sorte Mehl her, sondern seit Einführung der Hochmüllerei je nach Bedarf und Preisverhältnissen der Ernten sehr verschiedene Mehlsorten, besonders aus Weizen. Einfacher ist die Vermahlung beim Roggen. Daß Getreide ganz mit seinen Hülsen zu Mehl verarbeitet wird, ist selten, noch seltener das einfache Schroten. Die überwiegende Masse des Mehles wird unter Abfall von Kleie gewonnen. Letztere hat mit Rücksicht auf die verschiedene Beimengung von Mehl eine ganz verschiedene Zusammensetzung.

Dem Brot als Nahrungsmittel wurde früher nur Beachtung geschenkt insofern, als man Verfälschungen des Mehles bekämpfte, Vorschriften über die Kleiebeseitigung und über Getreidereinigung erließ. Das Roggenbrot galt als das kräftigere, häufig allerdings den Verdauungsprozeß belastende Gebäck, während der Weizen wegen seiner mannigfachen Verwendungsmöglichkeit auch zu feinsten Gebäcken und Mehlspeisen und selbst als Krankenbrot geschätzt war.

Das Urteil über die Bekömmlichkeit oder Nichtbekömmlichkeit fällte man nach Maßgabe der Empfindungen, d. h. insoweit, als sich diese eben nach gewissen Gefühlen, wie sie vom Magen oder Darm ausgingen, beurteilen ließen. Der Versuch einer quantitativen Messung der Verdaulichkeit ist erst sehr spät, d. h. etwa zwischen den Jahren 1870—1880 gemacht worden. Wir verstehen heute darunter die Menge der im ganzen Magen-Darmkanal verdauten Stoffe, wie sie sich aus der Differenz der eingeführten Nahrungsmengen und der Mengen der festen Ausscheidung ergibt. Was nicht mehr bei dieser Rechnung aufgefunden wird, ist aufgesaugt, resorbiert und ins Blut zu Ernährungszwecken übergetreten. Nur der verdaute und in den Organen verbrauchte Anteil bedeutet das Wertvolle eines Nahrungsmittels. Diese Ausnutzung muß für alle Nahrungsmittel direkt am Gesunden geprüft werden, nur nach der resorbierten Menge von Stoffen kann man Vergleiche über den Nährwert anstellen. Früher hatte man sich in der Beurteilung der Nahrungsmittel häufig nur von der chemischen Zusammensetzung leiten lassen, und war deshalb auf den Gedanken gekommen, daß die Kleiebestandteile, die noch ziemlich viel Proteinstoffe enthalten, für den Menschen wertvoll seien, ein Gedanke, der nach Dezennien immer wieder aufs neue auftaucht. Auch gesundheitliche Momente wurden für die Art der Vermahlung in Betracht gezogen, die in England zuerst zu einer Art Bewegung zugunsten des kleiehaltigen Brotes sich geltend machten. Die eigentliche Triebfeder war dabei, was wir heute noch sagen können, stuhlmehrende Wirkung solchen Brotes aus ganzem Korn, was man merkwürdigerweise als Ausdruck von gesunder Verdauung ansah.

Die nähere physiologische Untersuchung des Brotes geht in ihren Anfängen bis auf die Mitte zwischen den siebziger und achtziger Jahren des vorigen Jahrhunderts zurück.

Die erste systematische experimentelle Prüfung der Verdaulichkeit von Brot, das aus Weizenmehl verschiedenen Mahlgrades hergestellt war, habe ich am Menschen 1883 ausgeführt. Feinste Mehle, Mehle mittlerer Ausmahlung und solche aus dekortiziertem Weizen hergestellte Mehle wurden untersucht.

Das Resultat war ein sehr klares; am besten verdaulich ist das Brot aus feinstem Mehl. Die Schwerverdaulichkeit der anderen Brotsorten rührt von der Kleie her. Bleibt von den verschiedenen Brotsorten ein sehr ungleich großer Anteil unverdaut, so sind doch nicht alle Nährstoffe, wie sie im Brote vorhanden sind, gleich verdaulich oder unverdaulich, jeder geht in der Verdaulichkeit seinen besonderen Weg.

Ungünstig im Verhältnis zu den Animalien ist z. B. die Verdaulichkeit des Eiweißes in den Brotsorten; nimmt man aber aus dem Mehl ausgewaschenen Kleber, so ist dieser kaum schlechter verdaulich als animalisches Eiweiß. Die Schwerverdaulichkeit rührt beim Brot aus den Kleiebestandteilen, d. h. vom Eiweiß der Kleberzellen her. Diese Zellwände vermögen die Verdauungssäfte nicht zu durchdringen, und aufgelöst werden die Hülsen der Kleie auch nur zum kleineren Teile.

Man hat viele technische Versuche gemacht, gerade diese Zellen zu zermahlen, bisher aber nie ein befriedigendes Resultat erreicht.

Über diese Fragen sind schon früher von mir und meinen Schülern und anderen Autoren eingehende Versuche am Menschen angestellt worden und später nochmals von mir in der Kriegszeit, als eine große Anzahl alter Vorschläge über besondere Arten der Getreidevermahlung aufs neue empfohlen und als Rettung aus der Brotnot aufgenommen wurden.

Das Kriegsbrot, Brot aus Nachmehlen, sog. Vollkornbrot verschiedener Art, das Finklerbrot u. a., sind nachgeprüft worden, ohne wesentlich andere grundlegende Ergebnisse, als sie bereits bekannt waren.

Ein Haupthindernis bilden also für die Verdauung die Zellmembranen des Getreidekornes. Obschon die Zellwände des Getreidekornes chemisch in ihrer Zusammensetzung so ziemlich übereinstimmen, indem sie immer Zellulose, viel Pentosane, Lignin usw. enthalten, so sind sie doch nach meinen Untersuchungen physiologisch von verschiedener Bedeutung. Zellmembranen des Keimlings und des Mehlkernes werden bei der Verdauung gut angegriffen, die Wandungen der Kleiezellen sind dagegen schwer auflösbar. Aber auch wenn das Eiweiß der Kleiezellen freiliegt, scheint es besonders bei manchen Getreidesorten schwerer verdaulich, als andere Eiweißstoffe des Getreidekornes.

Der Laie denkt gewöhnlich, daß alles, was aus dem Körper abgeht, Unverdauliches oder Rest der Nahrung sei, das ist eine völlig unzutreffende Vorstellung. Es gibt Nahrungsmittel, welche Kot bilden, der aber kaum eine Spur von den Nahrungsmitteln selbst enthält, so z. B. Fleisch oder Eier, sondern nur aus Resten der Verdauungssäfte besteht, welche das Fleisch und Ei aufgelöst haben. Es gibt aber keine pflanzlichen Nahrungsmittel, die nur Verdauungssaftreste liefern, sondern immer sind bei Pflanzen noch Teile der Zellwände vorhanden, die etwas Eiweiß einschließen, und zwar nicht nur bei dem Brot, sondern auch bei anderen Vegetabilien, auch etwas Stärke bleibt zurück. Man muß also bei der Verdauung einzelner Nahrungsmittel genau nachsehen, worauf denn eine weniger gute Verdauung zurückzuführen ist. Dafür habe ich 1916—1918 die nötigen Methoden angegeben.

1916 habe ich mit C. Thomas systematisch, wie früher den Weizen, so auch das Roggenbrot verschiedener Vermahlung untersucht.

Den geringsten Zellmembrangehalt hatte Mehl bis 65% Ausmahlungsgrad = 3,14%, den höchsten das dekortizierte Korn von 95% Ausmahlung mit 8,75%, doch kommen sicher auch noch höhere Zellmembrangehalte bei verschiedenen Ernten vor. Der Gesamtverlust war in dem einen Fall 9,8% der Kalorien bei dekortiziertem Getreide aber 14,8%. Von der Zellmembran werden nur rund 50% aufgeschlossen. Das „Protein" wurde durchgängig schlecht resorbiert, mit 38—40% Verlust. Davon entfielen 20 bis 26% des Einfuhr-N auf wirklichen Eiweisverlust und 13—19% auf Stoffwechselprodukte.

Weil das Brot, je kleihaltiger es wird, desto weniger verdaulich ist, und weil ferner solches Brot auch von vielen Menschen weit schlechter verdaut wird, als die Versuche an günstig ausgewählten Personen ergeben haben, habe ich schon 1883 gesagt, daß es rationeller sein müßte, nicht zu hoch auszumahlen und die Kleie, welche abfällt, zur Tierfütterung zu benutzen, um dadurch Milch oder Fleisch und Fett nebenbei den noch immer brauchbaren Dünger der Tiere zu bekommen, der aber, was die menschlichen Abfälle anlangt, in den Großstädten durch die Kanalisation in der Regel verlorengeht.

Das Brotproblem läßt sich aber durch physiologische Untersuchungen allein nicht lösen, sondern nur in gemeinsamer Arbeit mit den landwirtschaftlichen Experimentatoren. Eine Lösung muß so gefunden werden, daß man einerseits von einer bestimmten Getreidemenge verschiedenprozentige Ausmahlungen herstellt, das

Brot auf seine Verdaulichkeit beim Menschen untersucht, während andererseits die Verdaulichkeit der Kleie für die Haustiere festgestellt und durch Fütterungsversuche auch der Nutzeffekt der Kleie für die Protein- und Fettbildung genau zu messen ist.

Nur so kann die physiologisch, landwirtschaftlich und nationalökonomisch richtige Verwendung der Ernteerträgnisse sichergestellt werden, wobei natürlich auch die gesundheitliche Bedeutung des aus Mehl verschiedenen Ausmahlungsgrades hergestellten Brotes Berücksichtigung finden muß.

Dieser hier skizzierte Plan wurde beraten und schließlich durch Zusammenarbeit von Herrn Prof. Scheunert, Dr. Klein und Steuber von der Landwirtschaftlichen Hochschule zu Berlin, Prof. Honcamp und C. Pfaff von der Landwirtschaftlichen Versuchsstation zu Rostock zum Teil mit der Unterstützung des Reichsministeriums für Ernährung und Landwirtschaft ausgeführt. Die exakte Vermahlung des Roggens wurde unter Aufsicht von Herrn Prof. Neumann ausgeführt. Die Versuche an Menschen wurden zum Teil durch Prof. Thomas in Leipzig und durch mich am Kaiser-Wilhelm-Institut für Arbeitsphysiologie ausgeführt.

So liegt uns jetzt ein vollkommen erschöpfendes Material zur Lösung der gestellten Frage vor, so daß sichere Grundlinien für die Vermahlung und Kleiefrage gegeben sind.

Bei den Versuchen am Menschen war Gelegenheit, eine ganze Reihe von Nebenfragen, die sich erst im Laufe der Untersuchungen ergeben hatten, zu streifen und zu lösen.

Erster Teil.

Versuche über die Verdaulichkeit von Roggenbrot hergestellt aus Mehl verschiedener Ausmahlung.

Berichtet von
Geheimrat Professor M. Rubner.

Die Verdaulichkeit des Roggens bei verschiedener Ausmahlung ist systematisch unter Anwendung desselben Mahlgutes schon früher von Rubner und Thomas untersucht worden (Pflügers Arch. f. d. ges. Physiol. 1916, S. 193).
Das Ergebnis war:

	%	%	%	%
Ausmahlung des Kornes in Prozent	95	82	etwa 70	65
Zellmembrangehalt des Kornes . .	8,75	6,69	5,61	3,14
N-Verlust im ganzen	39,3	40,3	39,7	37,8
Proteinverlust	25,9	21,6	23,4	19,5
Kalorienverlust	14,8	13,5	11,7	9,8
Verlust an Zellmembran	47,0	55,7	55,5	48,1

Die erneute Aufnahme dieser Frage hatte, wie erwähnt, das Ziel, nochmals Roggen unter besonderer Aufsicht und mühlentechnisch vollkommen einwandfrei mit dem Ausmahlungsgrade von etwa 60, 80, 95%, außerdem noch 95% Ausmahlung unter Schrotung herstellen zu lassen. Die Zahl der Versuchspersonen sollte auf 6 erhöht und die abfallende Kleie zur Tierfütterung verwendet werden, wobei der Nutzeffekt festzustellen war.

Nachstehend soll nur über die Versuche am Menschen berichtet werden, an denen sich das Berliner und das Leipziger Physiologische Institut (Prof. Rubner und Prof. Thomas) mit je 2 Versuchspersonen beteiligt haben. Prof. Neumann, Bonn, welcher als dritter zur Durchführung der Versuche in Aussicht genommen war, mußte wegen seiner Berufung und Übersiedlung nach Hamburg leider ausscheiden. Von den 4 Versuchspersonen war der eine Diener am Physiologischen Institut, Berlin, kräftig gebaut, der zweite Assistent E., Berlin, die dritte und vierte Person waren Studenten, beide gesund und kräftig gebaut und von lebhaftem Temperament, der letztere dabei seit einigen Jahren Vegetarier. Die Zahl der Personen zu vermehren, ging nicht gut an, weil der Umfang der nötigen Analysen viel zu groß wird. Auch kostet es jedesmal besondere Überredung, eine Persönlichkeit als Versuchsperson zu dem nicht gerade leichten Unternehmen zu verpflichten. Handelt es sich doch beinahe um eine Versuchsdauer eines vollen Monats und dabei um den Verzicht auf jede Abwechslung der Nahrung. Bei Wasser und Brot zu leben, galt früher als eine schwere Verschärfung der Gefängnisstrafe. Es gehört also auch Opferwilligkeit und ein gewisses Interesse an den Untersuchungen dazu, das sich durch Geld nicht einfach ablohnen läßt.

Eine geringe Konzession an die Abwechslungsmöglichkeit mußten wir nach früheren Erfahrungen insofern machen, daß wir als Getränke einen leichten Kaffee oder Tee gewährten, ferner 50 g Rohrzucker und 40 g Fett. Beide Zugaben ändern an den Resultaten nichts. Versuchsperson Nr. 4 verschmähte die „giftigen Genußmittel" und trank nur kaltes Wasser.

Die Versuchspersonen stellten sich zur Broternährung verschieden. Die Person A. hatte bei Brot aus 80 proz. Mehl und bei Schrotbrot über Darmbeschwerden, d. h. starke Gasentwicklung, geklagt. Person E. hatte beim 65 proz. und 82 proz. Mehl erhebliche Beschwerden und weniger bei dem Schrotbrot, das sie als Westfale lieber aß wie die anderen Sorten.

Ein merkwürdiger Zwischenfall kam bei dem Vegetarier M. zur Beobachtung. Beim zweiten Versuche wurde entdeckt, daß M. reichlich mit Darmwürmern behaftet war. Das hatte zur Folge, daß das Brot besser verdaut wurde, weil die Würmer „mitgegessen" hatten. Die Experimente mußten nach Abtreibung der Würmer wiederholt werden.

Die vier untersuchten Persönlichkeiten standen im besten Mannesalter, man kann also annehmen, daß optimale Verhältnisse der Verdauung vorliegen, daß aber Kinder, Frauen und Ältere den kräftigen Männern in der Leistung der Resorption zweifellos, vielfach zum Teil auch wohl erheblich nachstehen dürften.

Bei den Untersuchungen wurde sowohl das aufgenommene Brot, wie auch die Ausscheidungen von Harn und Kot analysiert. Brot und Kot als Mittelwert einer Periode, der Harn täglich.

Die Untersuchungen erstrecken sich gewöhnlich auf die Feststellung der Trockensubstanz, des Eiweißes, der Fette, der Kohlenhydrate und des Aschegehaltes der Einnahmen, der Trockensubstanz, des N- und Aschegehaltes in den Ausscheidungen. Dieselben sind hier erweitert worden, indem auch der Brennwert im Kot, die Zellmembranen, Zellulose, Pentosane und im Harn die Ascheausscheidung, Harnsäure und Kreatininmenge festgestellt wurde. Von den Aschebestandteilen wurde der Kalk in Einnahme und Harn und Kot quantitativ bestimmt.

Das Tabellenwerk, das nur einen Auszug aus den zahllosen Analysen gibt, findet sich im Anhang S. 19 zusammengestellt, die Ergebnisse selbst sollen hier in abgekürzter Form dargestellt werden. Das Ausmaß der täglichen Kost war etwa 2 Pfund Brot im Tag, dazu 50 g Zucker und 40 g Fett, wozu leichter Kaffee oder Tee nach Bedarf (s. oben) getrunken werden konnte. Jede Brotsorte wurde 5—6 Tage genossen und der auf die Fütterungsperiode treffende Kot abgegrenzt. Als Nebenerscheinungen, welche belästigen, sind die reichlichen Darmgase zu nennen, auch wohl die häufigeren Stuhlgänge, speziell bei den Brotsorten aus stark ausgemahlenem Korn.

Von den vier Versuchspersonen war der Vegetarier an die Pflanzenkost gewöhnt, außerdem gehörte letzterer der sog. Fletscherrichtung an, die bekanntlich auf ganz gründliches Kauen besonderen Bedacht nimmt.

Der Herstellung nach waren alle Brote ausgezeichnet. Natürlich muß darauf geachtet werden, daß das Brot gekaut und nicht mit Wasser aufgeweicht und so hinunterbefördert wird.

Die Versuchspersonen haben bei diesen Brotversuchen an Gewicht verloren.

Sie haben an verdaulicher Nahrung pro Kilo erhalten:

	In Brot	An Zucker u. Fett	Summe
A. (Gewicht 78—76,0 kg)	30,1 Kal.	+ 7,5 Kal.	37,6 Kal.
E. (,, 72—71,0 ,,)	31,4 ,,	+ 8,0 ,,	39,4 ,,
K. (,, 66—62,0 ,,)	41,1 ,,	+ 9,2 ,,	50,3 ,,
M. (,, 67—66,5 ,,)	39,0 ,,	+ 8,7 ,,	47,7 ,,

Die Gewichtsänderungen waren nicht sehr erheblich, an sich ohne gesundheitliche Bedeutung. Die Kalorienmenge war für A. und E. sicher zu klein, und wenn K. und M. sich viel Bewegung zu machen hatten, auch nicht überreichlich.

Gewichtsverluste waren also zu erwarten, sie erklären sich auch außerdem durch den Verlust an Eiweiß im Körper, denn die Nahrung führte zuwenig Protein.

Bei A. war der Verlust 2,23 g N pro Tag, für die Versuchszeit also 44,3 g N,
„ E. „ „ „ 2,19 g N „ „ „ „ „ „ 43,8 g N,
„ K. „ „ „ 1,72 g N „ „ „ „ „ „ 41,2 g N,
„ M. „ „ „ 1,90 g N „ „ „ „ „ „ 45,6 g N.

Dem ganzen N-Verlust entspricht, da etwa 30 g N = 1 kg Gewichtsänderung bedeutet:

A. 1,4 kg Gewichtsabnahme, die beobachtete war 2,0 kg,
E. 1,4 „ „ „ „ „ 1,0 „
K. 1,4 „ „ „ „ „ 2,9 „
M. 1,5 „ „ „ „ „ 0,5 „

Die Unstimmigkeit des wirklichen Gewichtsverlustes mit der berechneten aus dem N-Verlust erklärt sich bei A. und K. aus dem Kalorienmangel, bei M. wahrscheinlich durch Wasseransatz, der dem durch Eiweißverlust bedingten Gewichtsabfall entgegenwirkte.

Die Resultate betreffend die Ausnützung lassen sich in folgenden Zahlen zusammenfassen.

Der Verlust an Kalorien, d. h. an organischem Material beträgt überhaupt:

Bei Person	A.	E.	K.	M.	Ges.-Mittel	Gehalt an Zellmembran
Brot I 60% Ausmahlung .	7,1	10,5	4,8	3,4	6,4	2,6
„ II 82% „ .	11,2	15,0	12,6	8,6	11,8	4,0
„ III 94% „ .	12,0	14,6	11,7	14,5	13,3	5,1
„ IV 94% Schrot	16,2	13,2	15,7	17,9	15,7	7,5

Das Gesamtresultat lautet: Die schlechtere Verdaulichkeit setzt bei allen vier Personen schon mit 82% Ausmahlung ein. Die Zahlen 3,4 und 8,6 bei Person M. sind etwas zu niedrig, weil die Menge des genommenen Brotes über die sonstige Begrenzung der Nahrung von 600 g Trockensubstanz pro Tag hinausging, wobei — vorausgesetzt, daß es sich um einen leistungsfähigen Darm und Magen wie bei diesem Vegetarier handelt — wie lang bekannt, der Gesamtverlust relativ etwas verkleinert wird. Aus demselben Grunde ist die Zahl 14,5 etwas zu hoch, weil der Mann an diesem Tag unter der gewählten Norm von 600 g Trockensubstanz verzehrt hatte. Dies berücksichtigt, finden wir keine bessere Verdauung des Brotes beim Vegetarier und keinen Einfluß des Fletscherns, der sich gerade bei IV, dem Schrotbrot, hätte zeigen müssen.

Nach den Versuchen von Rubner hängt die Unverdaulichkeit eines Brotes mit ihrem Gehalt an Zellmembranen (Hülsen), die sich bei den verschiedenen Arten der Vermahlung ergeben, zusammen.

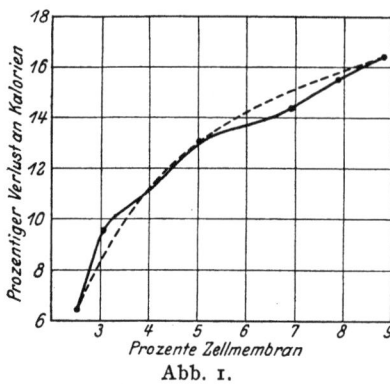

Abb. 1.

Kombiniert man die vor ein paar Jahren von Rubner-Thomas ausgeführten Versuche mit den vorliegenden, so erhält man nachstehende graphische Beziehung zwischen Zellmembran und Verlust an Kalorien. Diese Darstellung (Abb. 1) läßt auch ersehen, daß es weniger auf die feinste Vermahlung der Zellmembranen, als vielmehr auf den Prozentgehalt überhaupt ankommt. Bei der Verschrotung gehen relativ mehr Zellmembranen in Mehl über, als ohne diese Art der Vermahlung. Man ersieht auch ohne weiteres, daß der Verlust bei der Verdauung nicht proportional der Zellmembranmasse zunimmt, sondern nach einem anderen Verhältnis.

Die Erklärung ist sehr einfach. Wenn wir nämlich ein Brot von allerfeinstem Mehl nehmen und einen Versuch machen, so erhalten wir an sich einen gewissen Verlust; dieser wird dann erhöht durch den Einfluß, den die Zellmembranen ausüben. Nimmt man Brot vom feinsten Weizenmehl, das noch nicht ganz frei von Zellmembranen ist, so fällt ungefähr 4,5% an Kalorien ab.

Aus vorstehender Kurve erhalten wir durch Interpolation

für 3% Zellmembrangehalt einen Verlust von 8% Kalorien
„ 4% „ „ „ „ 11% „
„ 5% „ „ „ „ 13% „
„ 6% „ „ „ „ 14% „
„ 7% „ „ „ „ 15% „
„ 8% „ „ „ „ 16% „
„ 9% „ „ „ „ 17% „

Die relativen Werte sind:

Zellmembran	Verlust an Kalorien	Zellmembran	Verlust an Kalorien
1,0	1,0	2,3	1,8
1,3	1,4	2,6	2,0
1,7	1,6	3,0	2,1
2,0	1,7		

Zieht man aber bei der Zahl für den Prozentverlust an Kalorien die Zahl 4,5% als Verlust bei reinstem Weizenbrot ab, so werden die relativen Zahlen:

Zellmembran	Verlust an Kalorien	Zellmembran	Verlust an Kalorien
1,3	1,4	2,3	2,3
1,7	1,9	2,6	2,5
2,0	2,0	3,0	2,8

Der mit der Zellmembran eintretende Verlust besteht nicht darin, daß diese selbst ganz unverdaulich ist, vielmehr, das Nähere wird später besprochen, wird ein mehr oder minder großer Anteil der Zellmembran, allerdings in individuell sehr schwankender Weise, verdaut. Aber die Verdauung geht so vor sich, daß je mehr an Zellmembran vorhanden ist, desto mehr Verdauungssäfte notwendig werden, und von ihnen erscheint immer ein bestimmter Anteil als Abfall im Kot. Da diese Verhältnisse von Rubner und Thomas eingehend auseinandergesetzt sind und sie vielleicht mehr als theoretische Fragen erscheinen können, mag an dieser Stelle auf ein weiteres Eingehen auf dieselben verzichtet werden.

Neben der Resorption der verbrennlichen Teile (Kalorien) kommt wesentlich noch die Verdaulichkeit der Proteinstoffe in Betracht. Wir wollen sie zunächst im ganzen betrachten, wobei man den N-Gehalt der Körnerfrucht x 6,25 als Rohprotein bezeichnet. Es sind neben den Eiweißstoffen im Getreide auch kleine Anteile von N vorhanden, welche nicht Eiweißstoffen zuzurechnen sind. Davon kann man hier absehen.

Der mit dem Kot ausgeschiedene N ist niemals nur auf Eiweißstoffe zu beziehen, sondern besteht, wie erwähnt, zum großen, manchmal überwiegenden Teil, wie bei manchen grünen Gemüsen, aus Resten der Verdauungssäfte, also aus einem Stoffwechselprodukt. Hierüber hat Rubner a. a. O. ausführliche Mitteilungen gemacht. Bei Roggenbrot kann man bis $1/_5$ des ausgeschiedenen N als solchen Stoffwechsel-N ansehen.

Praktisch hat diese Trennung für die allgemeine Bewertung des N keinen großen Wert, denn es muß eben der N, der im Kot ausgeschieden wird, als ein Verlust betrachtet werden, der bei Beurteilung des Eiweißgehaltes eines Nahrungsmittels in Rechnung gezogen werden muß.

Alle Körnerfrüchte zeigen eine behinderte Ausnutzung der Proteinstoffe, weil letztere zum großen Teil in schlecht verdauliche, für manche Menschen fast unauflösliche Zellhülsen eingeschlossen sind. Bei den von uns angebauten Körnerfrüchten Weizen und Roggen hat sich bisher immer gezeigt, daß das Rohprotein des letzteren schwerer verdaulich ist als jenes des Weizens. Die schwierige Auflösbarkeit der Proteine des Roggens wird durch unsere Versuche vollauf bestätigt.

Prozent N-Verlust.

bei Person	A.	E.	Kl.	M.	Gesamtmittel
Brot I	27,9	23,5	47,4	35,3	33,6
,, II	37,2	35,5	35,5	33,3	35,4
,, III	38,8	36,6	50,8	36,0	40,6
,, IV	42,4	33,3	58,7	39,5	43,5

Nur in 2 Fällen bei Mann A. und E. war der Verlust an N bei 60% Ausmahlung deutlich geringer wie bei den höheren Ausmahlungen. In 3 Fällen sieht man, daß das Schrotbrot auch weniger gut verdaulich ist, was die Eiweißstoffe anlangt.

Das Gesamtmittel zeigt mit zunehmendem Gehalt an Zellmembranen auch eine Verschlechterung der Ausnutzung an.

Das Anwachsen des Verlustes ist aber sehr mäßig im Verhältnis zur Zunahme des Zellmembrangehaltes. Wenn dieser letztere um das Dreifache wächst, wächst der N-Verlust noch nicht um das 1,3 fache. Wir müssen also die Sache uns so zurechtlegen, daß wir annehmen, daß ein erheblicher Anteil des N in den Zellmembranen enthalten und gegen die Verdauung geschützt ist. Wenn wir das Korn von 60% auf 80% oder 94% ausmahlen, so gewinnen wir einen bestimmten Prozentsatz an Protein dazu, von dem ein erheblicher Teil aus den gesagten Gründen unverdaulich ist.

Die Verluste an N können aber ganz enorm sein, bis 58,7%, während bei Animalien wie Fleisch der Verlust sich um etwa 2—3% herum bewegt.

Wie schon erwähnt, liegt die Verdaulichkeit des Roggen-N ungünstiger wie jene des Weizens. Sind bei letzteren auch so ausgedehnte Untersuchungen wie bei Roggen noch nicht gemacht, so lassen die bisher angeführten Versuche doch folgendes erkennen:

Zellmembran %	Ausmahlung der Körner %	N-Verlust bei Weizenbr. %	Kalorienverlust %
1,27	30	17,2	4,3
	70	24,6	6,2
5,1	80	21,1	11,1
	95	30,5	12,2

Unter den Mittelzahlen für Roggen ist keine einzige, welche in N-Verlust dem Weizenmehl-N-Verlust selbst bei 95% Ausmahlung gleichkäme. Ich halte es für volkswirtschaftlich ungemein wichtig, wenn diese ungleiche N - Verdauung bei Roggen und Weizen endgültig mit allen Kautelen sichergestellt wäre. Leider konnten die in Aussicht genommenen Versuche bei der Ungunst der heutigen Verhältnisse nicht mehr zur Ausführung gelangen. Auch aus folgender Tabelle nach Rubner ergibt sich die weniger vorteilhafte Stellung des Roggens, was die Verdaulichkeit anlangt:

	Zellmembrangehalt	Prozent Verlust an Kalorien	Prozent Verlust an N
Roggen	5,1	13,3	40,6
Gerste	5,8	9,5	32,5
Weizen	5,1	11,1	21,1

Über die Beziehungen zwischen Eiweißbedarf der 4 Versuchspersonen und Eiweißzufuhr läßt sich folgendes sagen:

An N wurde im Mittel für alle 20—24 Versuchstage im Harn und Kot ausgeschieden:

Pro Tag	Insgesamt g N	Abzüglich des Kot-N pro Tag	(Also Harnstickstoff) insgesamt
9,95 × 20	199,0	7,00 × 20	140,0
10,19 × 20	203,8	7,59 × 20	151,8
12,00 × 24	248,0	6,76 × 24	160,2
10,52 × 24	242,5	7,44 × 24	178,6
	Summe 893,3		Summe 631,6 g N
Mittel pro Tag 10,15 g N		Mittel pro Tag 7,18 g N.	

Von der Differenz 10,15 — 7,18 = 2,97 kommt rund $^1/_5$ auf Stoffwechselprodukte, also auf Eiweißzersetzung, deren Produkte neben dem unverdauten Eiweiß im Stuhl ausgeschieden wurden = 0,59 g N, so daß der wahre Eiweißverbrauch war 7,77 g N = 48,6 g Protein pro rund 69 kg = 49,3 pro 70 kg und Tag.

Wir fanden für den Bedarf an „Rohprotein" also 10,15 × 6,25 = 63,4 g Protein und für den wahren N-Umsatz 49,3 g Protein.

An zahlreichen andern Personen habe ich früher als Mittel an Rohproteinverbrauch bei Brot gefunden 69,9 g, und für den wahren N-Umsatz 55,9 g Protein. Die neuen Versuche stimmen also damit gut überein. Bekanntlich kommen manche Personen bei Kartoffelkost mit etwa 32,6 Rohprotein aus. Es bestätigt auch diese lang dauernde Brotreihe die Minderwertigkeit der Broteiweißstoffe gegenüber dem Kartoffelprotein.

Bei fast allen Versuchen war Tag für Tag die N-Ausscheidung größer als die Zufuhr, die Versuchspersonen konnten also auch, nachdem sie bis 24 Tage lang Brot verzehrt hatten, in kein Gleichgewicht der Ein- und Ausgaben an N kommen (s. oben). Dies läßt sich nur so erklären, daß die Eiweißstoffe des Roggens nicht ganz vollwertig sind. Ob Weizen-, Roggen-, Gerste-, Hafereiweiß im Nährwert identisch sind, ist bisher nicht erwiesen. Die in der Literatur vorliegenden Versuche von Osborne und Mendel an weißen Ratten können schon wegen der Unsicherheit der angewandten Methodik keinen bestimmten Entscheid geben. Jedenfalls aber liegt nicht der geringste Anlaß vor, die Eiweißstoffe des Weizens in ihrem physiologischen Werte hinter jene des Roggens zu stellen. Eine Versuchsperson zeigt eine individuell geringere Verdauung der Eiweißstoffe. Im übrigen bewegen sich die Werte innerhalb der bereits von Rubner und Thomas gegebenen Grenzen.

Nimmt man die vier Männer in eine einzige Gruppe zusammen, so hat man als Mittelwerte:

	Verlust an Kalorien	Verlust an N
bei Brot I	6,4	33,4
,, ,, II	11,8	35,4
,, ,, III	13,3	40,5
,, ,, IV	15,7	43,5

Hier haben wir nach Ausgleich individueller Schwankungen mit Änderung der Ausmahlung eine gleichmäßige Stufenleiter des Verlustes an Kalorien und an N. Von 60% Ausmahlung zu 80% ist die größte Differenz im Kalorienverlust, weniger ausgeprägt die

Steigerung des N-Verbrauchs. Von 80% zu 94% Ausmahlung nimmt der Kalorienverlust nur wenig, mehr dagegen der N-Verlust zu, und sicher ist, daß die Schrotung sowohl den Kalorienverlust wie auch den N-Verlust vermehrt. Nach den vorliegenden Mittelzahlen lassen sich einige wichtige Schlüsse auf die quantitativen Vorgänge bei der Vermahlung ziehen.

Verdautes.

Ausmahlung %	Aus 100 Korn erhält man Kalorien	Aus 100 Korn g N
60	233	0,47
82	301	0,65
94	345	0,84
94 Schrot	330	0,83

Die relativen Zahlen sind:

Ausmahlung	Verdauliche Kalorien	Verdaulicher N
100	100	100
136	130	138
157	149	175
157	143	173

Die verdaulichen Mengen nehmen mit stärkerer Ausmahlung langsamer zu als die Mengen des ausgemahlenen Mehles, die Eiweißmengen rascher.

Die umgekehrte Anordnung ergibt:

```
100 Korn . . . . . . . . .  399,5 Kal.   1,37 N insgesamt
94% Ausmahlung als Schrot  330,0  ,,    0,83 N verdaulich
94%      ,,      ,, Mehl . 354,0  ,,    0,84 N      ,,
82%      ,,      ,,  ,, .  301,0  ,,    0,65 N      ,,
60%      ,,      ,,  ,, .  233,6  ,,    0,47 N      ,,
```

Die relativen Werte sind:

Menge	Kalorien	N
100	100,0	100,0
95 Schrot	83,4	60,6
95 Mehl	86,2	61,3
82 ,,	75,2	47,7
60 ,,	58,0	34,3

Die Menge der verdaulichen Kalorien nimmt ab, wie die Mengen des Resorbierten abnehmen, die Menge des N fällt rascher.

Ein besonderes Interesse beansprucht noch die Verdauung der Zellmembranen. Diese sind nicht zu verwechseln mit den sonst üblichen Analysen „der Rohfaser". Zellmembrane sind die nach der Methode von Rubner abgetrennten und vorerwähnten Zellhüllen der Vegetabilien.

Die Körnerfrüchte zeichnen sich dadurch aus, daß sie in ihren Zellhüllen vor allem eine enorme Menge von Pentosanen einschließen. Die Pentosanbestimmungen geben daher auch einen Maßstab für die Verdauung der Zellmembranen, oder richtiger gesagt, für die ersten Angriffe zur Auflösung. Schon aus zahlreichen früheren Versuchen kann man ableiten, daß die Pentosane leicht aus den Zellhüllen gelöst werden.

In 100 Teilen Brot waren:

	Zellmembranen	In diesen	
		Pentosane	Zellulose
bei 60% Vermahlung . .	2,6	1,00	0,87
„ 82% „ . .	4,0	1,35	1,10
„ 96% „ . .	5,1	2,18	1,54
Schrotbrot	7,5	2,55	1,82

Von den beiden Versuchspersonen, welche in dieser Hinsicht genauer geprüft worden sind, nimmt mit wachsendem Zellmembrangehalt die Verdaulichkeit der Gesamtpentosane ab.

Die Verdaulichkeit der Zellmembranen, die von bakterieller Einwirkung abhängig ist, zeigt sich ziemlich regellos, was sich speziell in der Auflösung der Zellulose ausdrückt.

Die Gärungen im Darm sind offenbar sehr wechselnder Natur, im allgemeinen scheint A. besser die Zellulose verdaut zu haben als E. Gründe dafür lassen sich ohne eingehendste bakteriologische Versuche nicht angeben.

Die unverdaute Zellmembran bedingt, das wurde schon gesagt, allein für sich nicht die Zunahme des Kotes bei wachsendem „Kleiegehalt" des Brotes, vielmehr kommt die Bildung an Darmsekreten hinzu.

Noch zwei wichtige Fragen sind gelöst worden.

Nämlich zunächst die Feststellung der quantitativen Verhältnisse der Einnahme und Ausgabe der Aschebestandteile.

In einem Experiment mit 94% Ausmahlung der Körner scheint ein Gleichgewicht der Einnahmen und Ausgaben vorhanden gewesen zu sein, in einem zweiten Fall bei allerdings reiner Brotaufnahme, die über das Mittel der übrigen Versuche hinausgingen, sogar einen Gewinn für den Körper (Ansatz). Sonst sind durchweg Verluste an Aschebestandteilen zu verzeichnen. Auch bei reichlicherer Zufuhr an Aschebestandteilen, z. B. bei stärkster Ausmahlung, auf die manche großes Gewicht legen, reichten die Aschebestandteile bei keiner der vier Personen zum Erhalt des Bestandes aus. Sie gaben in der Versuchszeit von mehreren Wochen eine größere Menge von Salzen vom Körper ab, als sie aufnahmen. Man könnte das für selbstverständlich halten, denn alle Versuchspersonen haben Eiweißstoffe vom Körper verloren, diese wieder stammen aus den Organen, und erfahrungsgemäß treten, wenn Organe an Masse abnehmen, auch die Salze aus dem Körper aus. Doch läßt sich leicht zeigen, daß die zu Verlust gegangenen Salze mehr betragen, als Aschebestandteile durch den Zerfall von Organen frei geworden sein können. Der Verlust an Protein betrug z. B. bei A. in 20 Tagen 44,30, bei E. 42,8 g N. Bei 3,2 g N pro 1000 Teile Organ wurde verloren bei A. 1384 g „Organ", bei E. 1337. Im Fleisch treffen auf 3,2 N — 1,2 g Asche, pro Gramm N also 0,375 g Asche, demnach bei A. 16,6 g Asche, bei E. 16,04 g. Zu Verlust gingen in 20 Tagen bei A. 78,5 g, bei E. 47,5 g. Der Verlust von Organ deckt den großen Ascheverlust nicht, es ist also anderweitig noch an Aschebestandteilen abgegeben worden.

Die Kalkbilanz war in allen Versuchen positiv zugunsten des Körpers. Bei A. wurde angesetzt 6,65 Ca, bei E. 7,95. Im Ausgleich sind also in diesem Betrag mehr Salze zu Verlust gegangen, als eben berechnet wurde.

Der Mann A. reichte mit 0,47 g Ca und E. mit 0,39 g Ca pro Tag aus. In beiden Fällen wurde aber bei weniger gut ausgemahlenem Korn mehr Ca benötigt. Bei A. statt 0,32 g 0,51, bei E. statt 0,32 g 0,41, was auf die geringe Verdaulichkeit der Kalksalze bei weniger fein ausgemahlenem Korn zurückzuführen ist. Auch feines Mehl führt also keineswegs zuwenig Kalksalze.

Bemerkenswert ist noch folgende Feststellung:

Unter den Produkten, welche im Harn austreten, wurde auch die Harnsäure bei den Versuchen näher bestimmt. Die Gicht ist bekanntlich mit Harnsäureablagerung verknüpft, die man auf die Einführung sog. purinhaltiger Nahrung wie Fleisch, Drüsen usw. zurückführt. Milch und Eier sind purinfreie Nahrungsmittel. Das

Brot führt jedenfalls auch nur Spuren von purinhaltigen Stoffen zu. Dabei tritt aber immer trotzdem Harnsäure im Harn aus, von dieser Harnsäure nimmt man an, daß sie aus Purinstoffen des eigenen Leibes entsteht. Prof. Steudel ist durch die vorliegenden Untersuchungen auf die Annahme geführt worden, daß die Harnsäure aus den Verdauungssäften entstehen kann, wieviel ausgeschieden wird, das hängt von der Gärung im Darm ab. Lieferte das Brot eine starke Gärung, so verschwand die Harnsäure fast völlig, sie erschien wieder bei fehlender Gärung und fehlender Gasbildung.

Die Harnsäurebildung nimmt also ihren Ausgang wahrscheinlich von den Eiweißstoffen bestimmter Organe, welche bei der Bildung der Sekrete Alloxurbasen liefern, die dann in Harnsäure umgewandelt werden. Gärung oder Nichtgärung entscheiden über die Harnsäuremenge, die in das Blut übertritt.

Die Kreatininausscheidung wurde von der Brotkost in keiner Weise beeinflußt.

In der Literatur liegen eine Reihe von Behauptungen vor über die unbedingte Notwendigkeit der Mitvermahlung der Kleie, welche die Vorstellung erweckt haben, jede Ausmahlung, welche Kleie abfallen läßt, liefere Mehl und Brot, das diese für die menschliche Ernährung aus Mangel an Vitaminen untauglich macht. Solche Behauptungen werden heute bereits als feststehende Tatsache behandelt. In Wirklichkeit ist über den Gehalt des landläufigen Brotes in Deutschland mit Bezug auf den Vitamingehalt nichts Sicheres bekannt.

Vor kurzem sind in dem Physiologischen Institut von Prof. Scheunert drei Brotsorten auf ihren Vitamingehalt genauer untersucht worden, zwei Roggenbrote und ein Weizenbrot. Das eine Brot war hergestellt mit Sauerteig aus Roggenmehl von 70% Ausmahlung, das zweite war gemischt aus Roggenmehl (70—75%) Ausmahlung unter Zusatz von 25—30% Weizenmehl, das dritte war ein Grahambrot, aus gereinigtem und geschrotetem Weizen ohne Gärung zubereitet.

Zwischen diesen Brotsorten zeigte sich überhaupt kein nachweisbarer Unterschied im Vitamingehalt. Für die beiden wichtigen Vitamine, die man heute als A und B bezeichnet, wurde im einzelnen folgendes gefunden.

Mit Bezug auf Vitamin A zeigen alle drei Brotsorten etwa dieselben Verhältnisse, und die Menge von A ist so gering, daß ein

Erwachsener von 70 kg auch mit über 800 g Brot täglich seinen Bedarf noch nicht decken könnte.

Von Vitamin B war auch bei reichlicher Zufuhr in keinem der Brote so viel vorhanden, daß junge Tiere hätten damit wachsen können, wennschon sie auf einem gewissen Gewicht längere Zeit zu erhalten waren. Ein Erwachsener von 70 kg würde beim täglichen Genuß von 1000 g Brot noch nicht so viel Vitamin zuführen, um auf dem Gewicht zu bleiben, für Kinder wäre an die Deckung des Bedarfs überhaupt nicht zu denken.

Brot ist also auch mit aller Kleie ein Nahrungsmittel von unzureichendem Vitamingehalt, auch dann, wenn man Rationen aufnimmt, die unsere üblichen um ein Vielfaches überschreiten.

Tabelle der analytischen Ergebnisse.

Brot	Aus- mah- lung	Trok- ken- sub- stanz	Einfuhr				Ausfuhr				
			Kalo- rien	N	Asche	Kal.	Cl	Kot. trok- ken	Asche	N	Ka	Kalo- rien

Appelt.

I	60%	641	2652	7,63	11,84	0,97	3,34	33,8	2,1	2,13	0,30	188,5
II	82%	624	2597	7,61	13,10	0,59	2,87	54,6	3,6	2,83	0,51	291,0
III	94%	604	2572	8,69	16,43	0,86	2,95	60,4	4,2	3,38	0,48	309,7
IV	94% Schrot	590	2483	8,29	15,28	0,80	3,13	77,2	5,6	3,52	0,51	401,4

Ellinghaus.

I	60%	641	2652	7,63	11,81	0,97	3,34	59,4	2,4	1,79	0,18	279,2
II	82%	624	2597	7,61	13,10	0,59	2,87	94,2	3,6	2,70	0,28	392,0
III	94%	604	2572	8,69	16,43	0,86	0,86	88,6	5,9	3,18	0,35	377,0
IV	94% Schrot	590	2483	8,29	15,28	0,80	0,80	78,2	4,1	2,75	0,27	328,9

Klinger.

I	60%	656	2713	7,19	13,8	—	—	27,4	3,90	3,41	—	131,8
II	82%	753	3134	9,81	10,4	—	—	74,9	4,56	3,48	—	394,2
III	94%	647	2767	9,75	15,0	—	—	63,9	4,95	6,00	—	325,2
IV	94% Schrot	687	2889	10,91	15,6	—	—	87,5	6,40	4,08	—	454,7

Melzer.

I	60%	833	3445	8,37	17,5	—	—	22,3	1,58	2,93	—	116,0
II	82%	812	3379	9,22	18,3	—	—	55,2	3,50	3,07	—	291,5
III	98%	481	2050	7,26	11,16	—	—	58,1	5,16	2,87	—	297,1
IV	94%	614	2582	9,62	14,10	—	—	87,5	6,85	3,46	—	452,4

Gesamtpentosane, Zellmembran, Zellulose, Pentosane und Zellmembran.

Brot	Einfuhr				Ausfuhr Appelt				Ausfuhr Ellinghaus			
	Gesamtpentosane	Zellmembrane	Pentosane in Zellm.	Zellulose	Gesamtpentosane	Zellmembrane	Pentosane in Zellm.	Zellulose	Gesamtpentosane	Zellmembrane	Pentosane in Zellm.	Zellulose
I	36,78	16,67	6,41	5,58	3,44	7,32	2,61	2,20	9,21	11,88	2,97	5,29
II	54,71	24,90	8,42	6,86	7,10	23,09	5,17	5,66	21,66	18,84	3,09	6,74
III	66,13	30,56	13,16	8,39	12,00	21,74	4,17	5,51	14,67	25,27	7,87	8,11
IV	66,43	45,26	15,14	11,00	11,81	25,65	5,76	9,83	15,64	24,87	6,55	6,88

Prozentverlust
an Gesamtpentosen, Zellmembran, Zellulose, Pentosane in Zellmembran.

Brot	Appelt				Ellinghaus			
I	9,35	43,91	39,43	40,72	25,04	71,21	53,04	46,33
II	12,97	92,73	82,50	61,40	39,59	75,66	95,34	36,69
III	19,36	71,13	65,79	31,69	22,19	82,68	100,00	59,79
IV	17,77	56,66	89,36	36,75	23,54	54,95	62,54	42,53

N-Bilanz pro Tag.

Brot	N-Einfuhr	N-Ausfuhr	Bilanz	N-Einfuhr	N-Ausfuhr	Bilanz
	Appelt 77 kg			Ellinghaus 72 kg		
I	7,63	10,27	—3,87	7,63	10,41	—2,78
II	7,61	9,23	—1,65	7,61	10,61	—3,00
III	8,69	10,75	—2,06	8,69	11,01	—2,32
IV	8,29	9,57	—1,28	8,29	8,75	—0,46
	Klinger 62 kg			Melzer 66 kg		
I	7,19	10,32	—3,13	8,37	9,79	—1,42
II	9,81	10,29	—0,47	9,22	9,98	—0,76
III	9,75	13,14	—3,99	7,76	10,11	—2,85
IV	10,91	10,28	—0,68	9,62	12,21	—2,59

Ausscheidungen im Harn pro Tag im Mittel.

Brot	Ausmahlung der Körner	Harnmenge cc	N im Harn	Trockensubstanz	Asche	Ca	Harnsäure	N als Harnsäure	Kreatinin	N als Kreatinin
	Appelt 77 kg Körpergewicht.									
I	65%	601	8,04	36,3	13,8	0,022	0,143	0,036	1,54	0,58
II	82%	971	6,43	40,4	18,0	0,036	0,026	0,006	1,12	0,39
III	94%	828	7,27	39,1	12,1	0,011	0,476	0,119	1,50	0,57
IV	94% Schrot	682	6,05	37,7	12,4	0,021	0,126	0,031	1,06	0,40

Ausscheidungen im Harn pro Tag im Mittel. (Fortsetzung.)

Brot	Ausmahlung der Körner	Harnmenge cc	N im Harn	Trockensubstanz	Asche	Ca	Harnsäure	N als Harnsäure	Kreatinin	N als Kreatinin
				Ellinghaus 72 kg Körpergewicht.						
I	65%	814	8,62	35,2	12,4	0,132	0,219	0,054	2,06	0,78
II	82%	1027	7,91	35,0	12,0	0,151	0,302	0,075	1,55	0,59
III	94%	860	7,83	38,3	12,9	0,120	0,326	0,081	1,68	0,64
IV	94% Schrot	736	5,99	36,3	12,5	0,073	0,116	0,029	1,88	0,71
				Klinger 62 kg Körpergewicht.						
I	65%	1500	6,91	10,4						
II	82%	1025	6,81	11,0						
III	94%	1276	7,14	11,6						
IV	94% Schrot	1303	6,20	9,7						
				Melzer 66 kg Körpergewicht.						
I	65%	730	6,86	12,5						
II	82%	740	6,91	15,2						
III	94%	504	7,24	9,7						
IV	94% Schrot	749	8,75	13,4						

Aschebilanz g pro Tag.

Brot	Einfuhr	Ausfuhr			Einfuhr	Ausfuhr		
		Harn	Kot	Summe	Bilanz	Harn	Kot	Summe	Bilanz

		Appelt 77 kg				Ellinghaus 72 kg			
I	11,5	13,8	2,1	15,9	—4,4	11,5	12,4	2,4	14,8	—3,3
II	13,1	18,0	3,6	21,6	—8,5	13,1	12,0	3,6	15,6	—2,5
III	16,4	12,1	4,2	16,3	+0,1	16,4	12,9	8,9	18,8	—2,4
IV	15,3	12,4	5,6	18,0	—2,7	15,3	12,5	0,1	16,6	—1,3

		Klinger				Melzer			
I	13,8	10,4	3,9	14,3	—0,5	17,5	12,5	1,6	14,1	—3,4
II	10,4	11,0	4,6	15,6	—5,2	16,3	15,2	3,5	18,7	—0,4
III	15,0	11,6	4,9	16,5	—1,5	11,2	9,7	5,2	12,9	—1,7
IV	15,6	9,7	6,4	16,1	—0,6	14,1	13,4	6,8	20,2	—6,1

Kalkbilanz pro Tag in g (Ca).

		Appelt				Ellinghaus			
I	0,94	0,022	0,30	0,32	—0,65	0,97	0,132	0,18	0,32	+0,66
II	0,59	0,036	0,51	0,55	+0,04	0,59	0,151	0,28	0,43	+0,16
III	0,86	0,011	0,48	0,49	+0,37	0,85	0,120	0,35	0,47	+0,31
IV	0,80	0,021	0,51	0,53	+0,27	0,80	0,073	0,27	0,34	+0,46

Zweiter Teil.

Versuche, ausgeführt an der Landwirtschaftlichen Versuchsstation Rostock in Mecklenburg.

Von
F. Honcamp und C. Pfaff.

Die vorliegenden Ausnutzungsversuche wurden mit drei ca. dreijährigen Hammeln der Rambouilletrasse ausgeführt. Die Versuchsanordnung war die allgemein übliche.

Eine hier vorgenommene makroskopische und mikroskopische Untersuchung der drei Roggenkleien und der Roggenkeime ergab folgende Befunde:

I. Roggenkleie nach 65%: Die Probe zeigte eine weißgraue Färbung. Sie enthielt reichlich Quer- sowie Kleberzellen, ebenso wie Stärke, jedoch nur wenig Keime. Der Besatz mit Haaren war unwesentlich, ebenso wie sich nur geringe Spuren von Unkrautsamen vorfanden.

II. Roggenkleie nach 82%: Die Farbe des Musters war gelblich. Die Probe setzte sich vorwiegend aus Querzellen, Längs- und Kleberzellen zusammen. Keime fanden sich in größerer, Stärke in geringerer Menge als bei der vorhergehenden Kleie vor. Es waren nur wenige Haare und unwesentliche Spuren von Unkrautsamen vorhanden. Ganz vereinzelt fanden sich einige ganze Roggenkörner und Haferspelzen.

III. Roggenkleie nach 95%: Die Kleie zeigte eine gelbliche Färbung und bestand hauptsächlich aus Scheitel- und Epidermiszellen. Sie enthielt reichlich Keime, dagegen nur wenige Kleberzellen. Ganz vereinzelt fanden sich Spuren von Halmteilen, Spelzen und Unkrautsamenresten.

IV. Roggenkeime: Die Probe enthielt vorwiegend Keime und mehrfach auch Stärkekörner, dagegen nur geringe Mengen von Kleber-, Längs- und Querzellen. Spelzen und Unkrautsamenteile fanden sich nur in Spuren vor.

Es folgen nunmehr in tabellarischer Zusammenstellung die Angaben über Futterrationen, Zusammensetzung dieser und der einzelnen Futtermittel; weiterhin werden dann angeführt die Stalllisten, die Zusammensetzung der Fäzes sowie die Unterlagen für die Berechnung der Verdaulichkeit des Grundfutters, der einzelnen Roggenkleien sowie der Roggenkeime.

I. Futterrationen.

Periode	Art des Futtermittels	Lufttrocken g	Trockensubstanzgehalt in %	Trockensubstanzgehalt in g
I.	Kleeheu	600	85,28	511,7
II.	Kleeheu	600	85,28	511,7
	Roggenkleie nach 65%	250	88,61	221,5
	Zusammen:	850	—	733,2
III.	Kleeheu	600	85,28	511,7
	Roggenkleie nach 82%	250	88,74	221,9
	Zusammen:	850	—	733,6
IV.	Kleeheu	600	85,28	511,7
V.	Kleeheu	600	85,28	511,7
	Roggenkleie nach 95%	250	89,61	224,0
	Zusammen:	850	—	735,7
VI.	Kleeheu	600	82,71	496,3
VII.	Kleeheu	600	85,28	511,7
	Roggenkeime	150	90,14	135,2
	Zusammen:	750	—	646,9

II. Zusammensetzung der Futtermittel und der Futterrationen.

		Trockensubstanz	Organische Substanz	Rohprotein	Reineiweiß	N-freie Extraktstoffe	Rohfett (Ätherextrakt)	Rohfaser
Futtermittel:			%	%	%	%	%	%
Kleeheu			94,51	10,40	9,44	48,76	1,55	33,80
Roggenkleie nach 65%	in der Trockensubstanz		96,22	13,15	11,50	75,38	3,63	4,06
,, ,, 82%			94,64	15,35	14,01	67,56	4,51	7,22
,, ,, 95%			96,34	16,56	14,41	67,20	4,94	7,64
Roggenkeime			95,39	30,33	24,72	51,43	8,79	4,84
Futterrationen:		g	g	g	g	g	g	g
I. Periode: 600 g Kleeheu		511,7	483,6	53,2	48,3	249,5	7,9	173,0
II. Periode: 600 g Kleeheu 250 g Roggenkleie nach 65%		511,7 221,5	483,6 213,1	53,2 29,1	48,3 25,5	249,5 167,0	7,9 8,0	173,0 9,0
Zusammen:		733,2	696,7	82,3	73,8	416,5	15,9	182,0

II. Zusammensetzung der Futtermittel und der Futterrationen.
(Fortsetzung.)

Futterrationen:	Trocken-substanz	Organische Substanz	Rohprotein	Reineiweiß	N-freie Extraktstoffe	Rohfett (Ätherextrakt)	Rohfaser
	g	g	g	g	g	g	g
III. Periode: 600 g Kleeheu	511,7	483,6	53,2	48,3	249,5	7,9	173,0
250 g Roggenkleie n. 82%	221,9	210,0	34,1	31,1	149,9	10,0	16,0
Zusammen:	733,6	693,6	87,3	79,4	399,4	17,9	189,0
IV. Periode: 600 g Kleeheu	511,7	483,6	53,2	48,3	249,5	7,9	173,0
V. Periode: 600 g Kleeheu	511,7	483,6	53,2	48,3	249,5	7,9	173,0
250 g Roggenkleie n. 95%	224,0	215,8	37,1	32,3	150,5	11,1	17,1
Zusammen:	735,7	699,4	90,3	80,6	400,0	19,0	190,1
VI. Periode: 600 g Kleeheu	493,6	469,1	51,6	46,9	242,0	7,7	167,7
VII. Periode: 600 g Kleeheu	511,7	483,6	53,2	48,3	249,5	7,9	173,0
150 g Roggenkeime	135,2	129,0	41,0	33,4	69,5	11,9	6,5
Zusammen:	646,9	612,6	94,2	81,7	319,0	19,8	179,5

III. Kotausscheidungen.

Datum	Stalltemperatur °C	Hammel 27			Hammel 30		
		Kot frisch	Kot Tr.-S.	Gesamtmenge der Kot-Tr.-S.	Kot frisch	Kot Tr.-S.	Gesamtmenge der Kot-Tr.-S.
		g	%	g	g	%	g
I. Periode: Grundfutter (600 g Kleeheu).							
21. VIII. 1922	18,0	515,6	41,60	214,5	427,5	48,35	206,7
22. VIII. 1922	18,8	540,5	39,35	212,7	477,8	47,89	228,8
23. VIII. 1922	19,3	527,9	38,97	205,7	428,0	47,27	202,3
24. VIII. 1922	17,3	544,2	38,28	208,3	479,5	44,05	211,2
25. VIII. 1922	17,0	516,4	40,16	207,4	474,0	45,49	215,6
26. VIII. 1922	16,5	559,0	40,27	225,1	425,6	47,13	200,6
27. VIII. 1922	16,7	495,0	37,98	188,0	488,0	45,98	224,4
28. VIII. 1922	18,5	536,7	42,28	226,9	438,1	46,38	203,2
Im Mittel . .	17,8	529,4	39,84	**211,1**	454,8	46,57	**211,6**
II. Periode: Grundfutter (600 g Kleeheu) + 250 g Roggenkleie nach 65%.							
6. IX. 1922	17,5	670,0	39,81	266,7	650,1	43,04	279,8
7. IX. 1922	17,3	567,2	40,37	229,0	597,5	44,13	263,7
8. IX. 1922	17,0	626,7	39,70	248,8	586,0	43,00	252,0
9. IX. 1922	17,0	545,0	42,02	229,0	640,0	42,17	269,9
10. IX. 1922	16,0	585,5	41,73	244,3	569,6	42,50	242,1
11. IX. 1922	16,7	571,5	42,28	241,6	649,5	43,08	279,8
12. IX. 1922	16,8	579,0	40,33	233,5	571,2	42,54	243,0
13. IX. 1922	17,0	800,5	39,60	317,0	554,2	42,24	234,1
Im Mittel . .	16,9	618,1	40,73	**251,2**	602,2	42,84	**258,1**

III. Kotausscheidungen. (Fortsetzung.)

Datum	Stalltemperatur °C	Hammel 27 Kot frisch g	Hammel 27 Kot Tr.-S. %	Hammel 27 Gesamtmenge der Kot-Tr.-S. g	Hammel 30 Kot frisch g	Hammel 30 Kot Tr.-S. %	Hammel 30 Gesamtmenge der Kot-Tr.-S. g

III. Periode: Grundfutter (600 g Kleeheu) + 250 g Roggenkleie nach 82%.

22. IX. 1922	14,8	632,0	43,75	276,5			
23. IX. 1922	15,5	552,0	44,22	244,1			
24. IX. 1922	15,0	582,0	43,54	253,4			
25. IX. 1922	15,3	605,5	42,31	256,2			
26. IX. 1922	14,7	661,5	43,20	285,8			
27. IX. 1922	14,3	621,0	43,19	268,2			
28. IX. 1922	15,5	559,2	44,31	247,8			
29. IX. 1922	15,5	581,3	44,54	258,9			
Im Mittel . .	15,1	599,3	43,63	**261,4**			

IV. Periode: Grundfutter (600 g Kleeheu).

25. X. 1922	14,3	463,4	42,92	198,9	480,6	47,75	229,5
26. X. 1922	14,3	489,8	43,83	214,7	406,0	48,52	197,0
27. X. 1922	14,2	399,5	42,58	170,1	429,1	50,24	215,6
28. X. 1922	14,0	516,5	43,74	225,9	472,5	49,95	236,0
29. X. 1922	14,0	430,6	44,47	191,5	455,1	48,60	221,2
30. X. 1922	13,5	565,6	42,89	242,6	389,2	49,97	190,5
31. X. 1922	13,3	367,0	45,34	166,4	467,6	50,09	234,2
1. XI. 1922	13,8	378,1	47,95	181,3	448,8	50,38	211,0
Im Mittel . .	13,9	438,8	44,22	**198,9**	438,9	49,44	**216,9**

Datum	Hammel 33 Stalltemperatur °C	Hammel 33 Kot frisch g	Hammel 33 Kot Tr.-S. %	Hammel 33 Gesamtmenge der Kot-Tr.-S. g

V. Periode: Grundfutter (600g Kleeheu) + 250g Roggenkleie n. 95%

22. XII. 1922	15,0	1154,3	24,97	288,9
23. XII. 1922	15,4	1273,3	26,02	331,3
24. XII. 1922	15,6	1007,4	26,84	270,4
25. XII. 1922	15,0	1067,6	27,00	288,2
26. XII. 1922	14,7	946,3	26,50	250,8
27. XII. 1922	14,3	1040,7	26,08	271,4
28. XII. 1922	14,0	1132,8	26,35	298,5
29. XII. 1922	14,0	1228,1	25,00	306,9
Im Mittel	14,8	1106,3	26,09	**288,2**

III. Kotausscheidungen. (Fortsetzung.)

Datum	Stalltemperatur °C	Hammel 33 Kot frisch g	Hammel 33 Kot Tr.-S. %	Gesamtmenge der Kot-Tr.-S. g
VI. Periode: Grundfutter (600 g Kleeheu).				
7. I. 1923	15,8	403,2	38,99	157,2
8. I. 1923	15,4	455,7	37,37	170,3
9. I. 1923	15,3	435,5	33,94	147,8
10. I. 1923	15,2	514,0	36,05	185,3
11. I. 1923	15,3	581,7	34,59	201,2
12. I. 1923	15,3	669,0	32,87	219,9
13. I. 1923	14,5	672,0	28,26	189,9
Im Mittel....	15,3	541,3	34,54	**184,6**
VII. Periode: Grundfutter (600 g Kleeheu) + 150 g Roggenkeime.				
26. I. 1923	16,1	495,2	41,00	203,0
27. I. 1923	16,3	461,0	42,60	196,4
28. I. 1923	16,3	516,2	40,24	207,7
29. I. 1923	15,8	503,0	41,29	207,7
30. I. 1923	15,7	542,7	38,44	208,6
31. I. 1923	15,2	619,0	35,69	220,9
1. II. 1923	15,7	661,2	35,83	236,9
2. II. 1923	16,1	593,8	36,24	215,2
Im Mittel....	15,9	549,0	38,92	**212,1**

IV. Zusammensetzung der Kotproben.

	Organische Substanz	Rohprotein	Reineiweiß	N-freie Extraktstoffe	Rohfett (Ätherextrakt)	Rohfaser	Reinasche C- u. CO_2-frei
a) Prozentisch auf Trockensubstanz berechnet.							
I. Periode:							
Hammel 27	91,61	11,00	10,50	38,82	2,65	39,19	8,39
„ 30	91,94	11,00	10,31	40,15	2,66	38,21	8,06
II. Periode:							
Hammel 27	90,25	11,81	11,69	41,23	2,90	34,69	9,75
„ 30	91,07	12,13	11,69	41,76	2,67	34,72	8,93
III. Periode:							
Hammel 27	89,90	12,31	11,75	42,63	3,09	31,95	10,10
IV. Periode:							
Hammel 27	91,10	11,44	11,20	40,85	1,87	37,36	8,90
„ 30	91,23	11,88	11,25	41,48	1,97	36,19	8,77
V. Periode:							
Hammel 33	91,15	12,19	11,50	45,90	2,27	31,17	8,85

IV. Zusammensetzung der Kotproben. (Fortsetzung.)

	Organische Substanz	Rohprotein	Reineiweiß	N-freie Extraktstoffe	Rohfett (Ätherextrakt)	Rohfaser	Reinasche C- u. CO₂-frei
VI. Periode: Hammel 33	90,22	11,75	11,25	40,68	2,09	36,06	9,78
VII. Periode: Hammel 33	90,60	11,75	11,25	40,57	2,51	35,96	9,40

b) Pro Tag in Gramm der Trockensubstanz.

I. Periode: Hammel 27	193,4	23,2	22,2	81,9	5,6	82,7	17,7
,, 30	194,5	23,3	21,8	85,0	5,6	80,9	17,1
II. Periode: Hammel 27	226,7	29,7	29,4	103,6	7,3	87,1	24,5
,, 30	235,1	31,3	30,2	107,8	6,9	89,6	23,0
III. Periode: Hammel 27	235,0	32,2	30,7	111,4	8,1	83,5	26,4
IV. Periode: Hammel 27	181,2	22,8	22,3	81,3	3,8	74,3	17,7
,, 30	197,9	25,8	24,4	90,0	4,3	78,5	19,0
V. Periode: Hammel 33	263,7	36,1	33,1	132,3	6,5	89,8	25,5
VI. Periode: Hammel 33	166,5	21,7	20,8	75,1	3,9	66,6	18,1
VII. Periode: Hammel 33	192,2	24,9	23,9	86,0	5,3	76,3	19,9

V. Verdaute Nährstoffmengen.

	Trockensubstanz	Organische Substanz	Rohprotein	Reineiweiß	N-freie Extraktstoffe	Rohfett (Ätherextrakt)	Rohfaser
	g	g	g	g	g	g	g

I. Periode: Grundfutter. Hammel 27.

Im Futter aufgenommen	511,7	483,6	53,2	48,3	249,5	7,9	173,0
Mit Kot ausgeschieden	211,1	193,4	23,2	22,2	81,9	5,6	82,7
Verdaut	300,6	290,2	30,0	26,1	167,6	2,3	90,3

Hammel 30.

Im Futter aufgenommen	511,7	483,6	53,2	48,3	249,5	7,9	173,0
Mit Kot ausgeschieden	211,6	194,5	23,3	21,8	85,0	5,6	80,9
Verdaut	300,1	289,1	29,9	26,5	164,5	2,3	92,1

V. Verdaute Nährstoffmengen. (Fortsetzung.)

	Trockensubstanz	Organische Substanz	Rohprotein	Reineiweiß	N-freie Extraktstoffe	Rohfett (Ätherextrakt)	Rohfaser
	g	g	g	g	g	g	g

II. Periode: Roggenkleie nach 65%. Hammel 27.

Im Futter aufgenommen	733,2	696,7	82,3	73,8	416,5	15,9	182,0
Mit Kot ausgeschieden	251,2	226,7	29,7	29,4	103,6	7,3	87,1
Verdaut	482,0	470,0	52,6	44,4	312,9	8,6	94,9

Hammel 30.

Im Futter aufgenommen	733,2	696,7	82,3	73,8	416,5	15,9	182,0
Mit Kot ausgeschieden	258,1	235,1	31,3	30,2	107,8	6,9	89,6
Verdaut	475,1	461,6	51,0	43,6	308,7	9,0	92,4

III. Periode: Roggenkleie nach 82%. Hammel 27.

Im Futter aufgenommen	733,6	693,6	87,3	79,4	399,4	17,9	189,0
Mit Kot ausgeschieden	261,4	235,0	32,2	30,7	111,4	8,1	83,5
Verdaut	472,2	458,6	55,1	48,7	288,0	9,8	105,5

IV. Periode: Grundfutter. Hammel 27.

Im Futter aufgenommen	511,7	483,6	53,2	48,3	249,5	7,9	173,0
Mit Kot ausgeschieden	198,9	181,2	22,8	22,3	81,3	3,8	74,3
Verdaut	312,8	302,4	30,4	26,0	168,2	4,1	98,7

Hammel 30.

Im Futter aufgenommen	511,7	483,6	53,2	48,3	249,5	7,9	173,0
Mit Kot ausgeschieden	216,9	197,9	25,8	24,4	90,0	4,3	78,5
Verdaut	294,8	285,7	27,4	23,9	159,5	3,6	94,5

V. Periode: Roggenkleie nach 95%. Hammel 33.

Im Futter aufgenommen	735,7	699,4	90,3	80,6	400,0	19,0	190,1
Mit Kot ausgeschieden	288,2	262,7	35,1	33,1	132,3	6,5	89,8
Verdaut	447,5	436,7	55,2	47,5	267,7	12,5	100,3

VI. Periode: Grundfutter. Hammel 33.

Im Futter aufgenommen	496,3	469,1	51,6	46,9	242,0	7,7	167,7
Mit Kot ausgeschieden	184,6	166,5	21,7	20,8	75,1	3,9	66,6
Verdaut	311,7	302,6	29,9	26,1	166,9	3,8	101,1

VII. Periode: Roggenkeime. Hammel 33.

Im Futter aufgenommen	646,9	612,6	94,2	81,7	319,0	19,8	179,5
Mit Kot ausgeschieden	212,1	192,2	24,9	23,9	86,0	5,3	76,3
Verdaut	434,8	420,4	69,3	57,8	233,0	14,5	103,2

Was hiernach zunächst die Verdaulichkeit des als Grundfutter verabfolgten Kleeheues anbetrifft, so wurden in Prozenten der einzelnen Bestandteile verdaut:

	Organische Substanz	Rohprotein	N-freie Extraktstoffe	Rohfett (Ätherextrakt)	Rohfaser
	Hammel 27.				
I. Periode	60,0	56,6	67,2	29,1	52,2
IV. Periode	62,5	58,8	67,4	51,9	57,1
Im Mittel	61,3	57,7	67,3	40,5	54,7
	Hammel 30.				
I. Periode	59,8	56,6	65,9	29,1	53,2
IV. Periode	61,0	53,4	65,9	48,1	56,7
Im Mittel	60,4	55,0	65,9	38,6	55,0
	Hammel 33.				
VI. Periode	64,7	57,9	68,9	49,4	60,2

Nach diesen Ergebnissen haben die beiden Versuchshammel 27 und 30 sehr gut überein gearbeitet. Hammel 33 hat das Kleeheu noch etwas besser verdaut, doch liegen die für dieses und die beiden anderen Versuchstiere gewonnenen Werte auch noch innerhalb der für solche Versuche geltenden Fehlergrenzen.

Für die Berechnung der Verdaulichkeit der Roggenkleien nach 65 und nach 82% wurden für das Grundfutter die Werte in Abzug gebracht, die sich aus dem Mittel der in den beiden Grundfutterperioden für jeden Hammel gewonnenen Resultate ergaben. Für jene Perioden, in denen die Verdaulichkeit der Kleie nach 95% und der Roggenkeime ermittelt wurde, sind die mit Hammel 33 für das Kleeheu ermittelten Verdauungswerte in Anwendung gekommen. Auf diese Weise berechnet sich die Verdaulichkeit der verschiedenen Roggenkleien und der Roggenkeime wie folgt:

VI. Verdaulichkeit der Roggenkleien und der Roggenkeime.

	Trockensubstanz	Organische Substanz	Rohprotein	Reineiweiß	N-freie Extraktstoffe	Rohfett (Ätherextrakt)	Rohfaser
	g	g	g	g	g	g	g
II. Periode: Roggenkleie nach 65%. Hammel 27.							
Wirklich verdaut . .	482,0	470,0	52,6	44,4	312,9	8,6	94,9
Ab für Grundfutter .	306,7	296,2	30,2	26,1	167,9	3,2	94,5
Verd. v. d. Roggenkleie	175,3	173,8	22,4	18,3	145,0	5,4	0,4
Hammel 30.							
Wirklich verdaut . .	475,1	461,6	51,0	43,6	308,7	9,0	92,4
Ab für Grundfutter .	297,5	287,4	28,6	25,2	162,0	3,0	93,3
Verd. v. d. Roggenkleie	177,6	174,2	22,4	18,4	146,7	6,0	—

VI. Verdaulichkeit der Roggenkleien und der Roggenkeime. (Fortsetzung.)

	Trockensubstanz	Organische Substanz	Rohprotein	Reineiweiß	N-freie Extraktstoffe	Rohfett (Ätherextrakt)	Rohfaser
	g	g	g	g	g	g	g

III. Periode: Roggenkleie nach 82%. Hammel 27.

Wirklich verdaut	472,2	458,6	55,1	48,7	288,0	9,8	105,5
Ab für Grundfutter	306,7	296,2	30,2	26,1	167,9	3,2	94,5
Verd. v. d. Roggenkleie	165,5	162,4	24,9	22,6	120,1	6,6	11,0

V. Periode: Roggenkleie nach 95%. Hammel 33.

Wirklich verdaut	447,5	436,7	55,2	47,5	267,7	12,5	100,3
Ab für Grundfutter	321,4	313,0	30,8	26,9	172,1	3,9	104,3
Verd. v. d. Roggenkleie	126,1	123,7	24,4	20,6	95,6	8,6	—

VII. Periode: Roggenkeime. Hammel 33.

Wirklich verdaut	434,8	420,4	69,3	57,8	233,0	14,5	103,2
Ab für Grundfutter	321,4	313,0	30,8	26,9	172,1	3,9	104,3
Verd. v. d. Roggenkeimen	113,4	107,4	38,5	30,9	60,9	10,6	—

Hieraus berechnen sich für die drei Roggenkleien sowie für die Roggenkeime folgende Verdauungskoeffizienten (in Prozenten der einzelnen Nährstoffgruppen):

	Organische Substanz	Rohprotein	N-freie Extraktstoffe	Rohfett (Ätherextrakt)	Rohfaser
Roggenkleie nach 65%.					
Hammel 27	81,5	77,0	86,8	67,5	4,4
Hammel 30	81,7	76,6	87,8	75,0	—
Im Mittel	81,6	76,8	87,3	71,2	4,4
Roggenkleie nach 82%.					
Hammel 30	77,3	73,0	80,1	66,0	68,8
Roggenkleie nach 95%.					
Hammel 33	57,3	65,8	63,5	77,5	—
Roggenkeime.					
Hammel 33	83,3	93,9	87,6	89,1	—

Mit Hilfe dieser Verdauungskoeffizienten und unter Zugrundelegung des nachstehend nochmals angegebenen Gehaltes an Rohnährstoffen ergibt sich für die zur Untersuchung gelangten Kleien und Keime folgender Gehalt an verdaulichen Nährstoffen:

	Roggenkleie nach 65%		Roggenkleie nach 82%		Roggenkleie nach 95%		Roggenkeime	
	Rohnährstoffe	Verdauliche Nährstoffe	Rohnährstoffe	Verdauliche Nährstoffe	Rohnährstoffe	Verdauliche Nährstoffe	Rohnährstoffe	Verdauliche Nährstoffe
Rohprotein ..	13,15	10,10	15,35	11,21	16,56	10,90	30,33	28,48
N-freie Extraktstoffe	75,38	65,81	67,56	54,12	67,20	42,67	51,43	45,05
Rohfett	3,63	2,58	4,51	2,98	4,94	3,83	8,79	7,83
Rohfaser....	4,06	0,18	7,22	4,96	7,64	—	4,84	—

Was hiernach zunächst die Roggenkeime anbetrifft, so sind diese als ein protein- und fettreiches Futtermittel anzusprechen, welches für diese wie auch für alle übrigen in Betracht kommenden Nährstoffgruppen eine sehr hohe Verdaulichkeit aufweist. In bezug auf die verschiedenen Kleien geht aus obiger Zusammenstellung hervor, daß deren Gehalt an Rohnährstoffen bezüglich des Proteins und Fettes mit fortschreitendem Ausmahlungsgrad zunimmt, an stickstofffreien Extraktstoffen dagegen eine Abnahme aufweist. In annähernd gleicher Richtung und namentlich in bezug auf die stickstofffreien Extraktstoffe verläuft auch der Gehalt an verdaulichen Nährstoffen. Es kommt dies am deutlichsten zum Ausdruck, wenn man auf Grund obiger Zahlen den Gehalt der hier untersuchten Mahlprodukte an verdaulichem Eiweiß und Stärkewert nach O. Kellner berechnet. Man erhält dann folgende Werte:

	Verdauliches Eiweiß		Stärkewert	
	in der Trockensubstanz	in der Originalsubstanz	in der Trockensubstanz	in der Originalsubstanz
Roggenkleie nach 65%	8,45	7,49	61,94	54,89
,, ,, 82%	9,87	8,76	58,24	51,68
,, ,, 95%	8,75	7,84	46,04	41,26

Die Ergebnisse der vorliegenden Untersuchungen bestätigen also voll und ganz diejenigen der älteren Untersuchungen, nach denen mit zunehmendem Ausmahlungsgrad der Kleien der Futterwert dieser ein immer geringerer wird.

Die Roggenkeime dagegen stellen, und zwar gleichfalls in Übereinstimmung mit früheren Versuchen, bei einem Gehalt von 22,87% verdaulichem Eiweiß und einem Stärkewert von 83,15 in der Trockensubstanz und 20,62 bzw. 74,95 in der Originalsubstanz ein hochverdauliches vollwertiges Futtermittel dar.

Dritter Teil.

Versuche, ausgeführt im Tierphysiologischen Institut der Landwirtschaftlichen Hochschule zu Berlin.

Von

Professor A. Scheunert, W. Klein und M. Steuber.

Die im Tierphysiologischen Institut der Landwirtschaftlichen Hochschule Berlin auszuführenden Untersuchungen hatten die Aufgabe, den Produktionswert der zu untersuchenden Kleien mit Hilfe des Respirationsapparates zu bestimmen. Sie bestanden infolgedessen in Ausnutzungsversuchen, bei denen gleichzeitig der Gaswechsel ermittelt und eine Energiebilanz aufgestellt werden sollte.

Als Versuchstiere wurden Hammel gewählt, doch konnte wegen der technischen Unmöglichkeit, mit den verfügbaren Arbeitskräften und Einrichtungen die große Zahl der Analysen zu bewältigen, zunächst nur ein Tier in den Versuch genommen werden.

Die Methodik des Ausnutzungsversuches war die gleiche, wie sie bei den Rostocker Versuchen von Honcamp und Pfaff angewandt wurde. Das Tier befand sich, mit Harn- und Kotbeutel angetan, in einem Versuchskasten. In üblicher Weise wurden die Ausscheidungen täglich gesammelt und zur Analyse gebracht.

Zum Respirationsversuch wurde das Tier an zwei verschiedenen Tagen jeder Versuchsperiode in die kleine Respirationskammer des Instituts überführt, in der es dann im Versuchskasten, mit Harn- und Kotbeutel versehen, je 24 Stunden zubrachte. Während dieser Zeit wurde der Gaswechsel tagsüber in einem zehnstündigen, nachts in einem zwölfstündigen Versuch ermittelt. Die Kammer selbst und ihre Bedienung haben wir früher[1] eingehend beschrieben,

---

[1] Scheunert, A., W. Klein und M. Steuber: Biochem. Zeitschr. Bd. 133, S. 137. 1922.

so daß hier auf diese Schilderung verwiesen werden kann. Hinzuzufügen ist nur, daß sie seit jenen Versuchen eine weitere Vervollkommnung erfahren hatte. Eine neue Gummiabdichtung der Türe sicherte absolut luftdichten Verschluß. Innen und außen hatte die Kammer einen dicken Anstrich von Emaillelack erhalten, und weiter war eine Berieselungsvorrichtung angebracht worden, die es gestattete, bei unerwünschter Zunahme des Innendrucks oder bei zu hoher Außentemperatur in der warmen Jahreszeit Kastentemperatur und Kastendruck zu regulieren. Für extreme Fälle war auch ein Gasometer so mit dem Kasten in Verbindung gebracht, daß genau gemessene Mengen von Kastengas zur Druckregulierung entnommen werden konnten.

Der Erfolg dieser Verbesserungen zeigte sich darin, daß bei allen Versuchen das reduzierte Stickstoffvolumen, welches theoretisch am Anfang und am Ende des Versuches gleich sein muß, tatsächlich in praktisch bedeutungslosen Grenzen schwankte, die höchstens $1^0/_{00}$ betrugen.

Der Verlauf eines solchen Versuchstages war dann folgender: Das Versuchstier wurde morgens in die ventilierte Kammer überführt. Kurz vor 9 Uhr erhielt es die tägliche, zum Ausnutzungsversuch abgewogene Morgenration, darauf wurde die Kammer verschlossen, ventiliert, die notwendigen Ablesungen (Barometer, Temperatur, Kastendruck) gemacht und die Anfangsgasprobe Punkt 9 Uhr entnommen, die zur Analyse gebracht wurde. Unter ständiger Beobachtung und Regulierung des Kammerdrucks blieb das Tier, welches seine Ration fraß, stand oder lag und wiederkaute, im Kasten. Kurz vor 7 Uhr wurde wieder sorgfältig ventiliert und Punkt 7 Uhr die Ablesungen gemacht und die Endgasprobe entnommen. Dann wurde der Kasten geöffnet, mit Frischluft ventiliert, Harn- und Kotbeutel entleert und dann der sich sogleich anschließende Nachtversuch vorbereitet. Dazu erhielt das Tier die Abendration vorgeschüttet, worauf der Versuch genau in der gleichen Weise, wie oben geschildert, begonnen und nach 12 Stunden beendet wurde.

Die Zweiteilung des Versuchs war notwendig, um das Tier mit Futter zu versorgen und die Entleerungen an Kot und Harn zu sammeln, vor allem, um die regelmäßige Zufuhr der Ration zu sichern.

Die Ergebnisse des zehnstündigen Tag- und zwölfstündigen Nachtversuchs an gebildeter CO_2, verbrauchtem O_2 und gebildetem CH_4 wurden addiert und somit der Gaswechsel von 22 Stunden erhalten. Durch Interpolation wurden diese Zahlen auf 24 Stunden umgerechnet und diese der Berechnung der Ergebnisse zugrunde gelegt.

Zur Bestimmung der Energiebilanz wurden Futtermittel und Ausscheidungen in bekannter Weise kalorimetriert und zur Aufstellung der CO_2- und O_2-Bilanz der Elementaranalyse in der kalorimetrischen Bombe nach der Zuntzschen Methode[1]) unterworfen.

Untersuchungen an Hammel Fels.

1. Ausnutzungsversuche.

(Mitbearbeitet von E. Brunnemann.)

Das Versuchstier war ein sehr starker, ausgewachsener Hammel, der ein sehr großes Nahrungsbedürfnis zeigte. Es war deshalb nicht möglich, die Grundration in der gleichen geringen Höhe von 600 g Kleeheu, wie bei den Rostocker Versuchen, zu halten. Selbst 800 g Kleeheu erwiesen sich auf die Dauer als ungenügend, so daß nach Beendigung der zweiten Periode eine zweite Grundperiode mit 1000 g Kleeheu eingeschaltet werden mußte.

Es folgen nunmehr die Tabellen über die mit diesem Versuchstier angestellten Ausnutzungsversuche.

Zusammensetzung der Futtermittel und der Futterrationen.

	Trokkensubstanz	Organische Substanz	Rohprotein	Reineiweiß	Rohfett	Rohfaser	N-freie Extraktstoffe
Futtermittel.	%	%	%	%	%	%	%
Kleeheu		94,65	10,44	9,10	1,54	37,03	45,64
Roggenkleie n. 65% . .		96,13	12,91	12,03	3,82	5,57	73,83
,, n. 82% . .	In der Trockensubstanz	94,54	15,23	13,43	4,45	8,28	66,58
,, n. 95% . .		96,21	16,60	14,64	5,45	8,33	65,83
Roggenkeime		95,57	29,91	25,70	9,47	6,70	49,40
Futterrationen.	g	g	g	g	g	g	g
I. Periode:							
800 g Kleeheu . .	715,7	677,4	74,7	65,1	11,0	265,0	326,7
II. Periode:							
800 g Kleeheu . .	715,7	677,4	74,7	65,1	11,0	265,0	326,7
von 65proz. Roggenkleie 250 g	224,6	215,9	29,0	27,0	8,6	12,5	165,8
Zusammen	940,3	893,3	103,7	92,1	19,6	277,5	492,5

[1]) Klein, W. und M. Steuber: Biochem. Zeitschr. Bd. 120, S. 81. 1921.

Zusammensetzung der Futtermittel und der Futterrationen.
(Fortsetzung.)

	Trocken-substanz	Orga-nische Sub-stanz	Roh-protein	Rein-eiweiß	Roh-fett	Roh-faser	N-freie Ex-trakt-stoffe
Futterrationen:	g	g	g	g	g	g	g
III. Periode:							
1000 g Kleeheu ..	894,6	846,7	93,4	81,4	13,8	331,2	408,3
IV. Periode:							
1000 g Kleeheu ..	894,6	846,7	93,4	81,8	13,8	331,2	408,3
von 82proz. Roggen-kleie 250 g ...	223,0	210,8	34,0	30,0	10,0	18,5	148,3
Zusammen	1117,6	1057,5	127,4	111,4	23,8	349,7	556,6
V. Periode:							
1000 g Kleeheu ..	894,6	846,7	93,4	81,4	13,8	331,2	408,3
von 95proz. Roggen-kleie 250 g ...	219,7	211,4	36,5	32,2	12,0	18,3	144,6
Zusammen	1114,3	1058,1	129,9	113,6	25,8	349,5	552,9
VI. Periode:							
1000 g Kleeheu ..	894,6	846,7	93,4	81,4	13,8	331,2	408,3
150 g Roggenkeime	130,7	124,9	39,1	33,7	12,4	8,8	64,6
Zusammen	1025,3	971,6	132,5	115,1	26,2	340,0	472,9

Tägliche mittlere Kotausscheidung.

Periode	Frischkot	Trockensubstanz	
	g	%	g
I.	781,6	39,85	311,5
II.	997,0	35,37	352,6
III.	1011,2	35,65	360,5
IV.	1257,7	34,87	438,6
V.	1317,7	34,12	449,6
VI.	1008,2	37,66	379,7

Zusammensetzung der Kotproben.

	Trocken-sub-stanz	Orga-nische Sub-stanz	Roh-pro-tein	Rein-eiweiß	Roh-fett	Roh-faser	N-freie Extrakt-stoffe
1. Prozentgehalt auf Trockensubstanz berechnet:							
I. Periode: 800 g Kleeheu		90,99	10,45	9,70	1,88	41,45	37,21
II. Periode: 800 g Kleeheu + 250 g Kleie n. 65%		91,07	10,97	10,31	1,95	39,45	38,70
III. Periode:1000gKleeheu		91,30	10,82	9,87	1,96	42,19	36,33

Zusammensetzung der Kotproben. (Fortsetzung.)

	Trockensubstanz	Organische Substanz	Rohprotein	Reineiweiß	Rohfett	Rohfaser	N-freie Extraktstoffe

1. Prozentgehalt auf Trockensubstanz berechnet:

IV. Periode: 1000 g Kleeheu + 250 g Kleie n. 82%		90,44	11,33	10,55	2,09	37,94	39,08
V. Periode: 1000 g Kleeheu + 250 g Kleie n. 95%		91,18	11,03	10,17	1,82	36,85	41,48
VI. Periode: 1000 g Kleeheu + 150 g Keime...		89,85	11,83	10,96	2,11	39,63	36,28

2. Pro Tag in Gramm der Trockensubstanz.

I. Periode	311,5	283,5	33,0	30,7	5,8	129,1	115,6
II. „	352,6	321,2	39,1	36,8	6,9	139,1	136,1
III. „	360,5	329,2	39,5	36,0	7,0	152,1	130,6
IV. „	438,6	396,7	50,1	46,7	9,1	166,4	171,1
V. „	449,6	410,0	50,1	46,3	8,1	165,7	186,1
VI. „	379,7	341,2	45,4	42,0	8,0	150,5	137,3

Verdaute Nährstoffmengen.

	Trockensubstanz	Organische Substanz	Rohprotein	Reineiweiß	Rohfett	Rohfaser	N-freie Extraktstoffe
	g	g	g	g	g	g	g

I. Periode: Grundfutter.

Im Futter aufgenommen	715,7	677,4	74,7	65,1	11,0	265,0	326,7
Im Kot ausgeschieden..	311,5	283,5	33,0	30,7	5,8	129,1	115,6
Verdaut........	404,2	393,9	41,7	34,4	5,2	135,9	211,1

II. Periode: Roggenkleie von 65%.

Im Futter aufgenommen	940,3	893,3	103,7	92,1	19,6	277,5	492,5
Im Kot ausgeschieden..	352,6	321,2	39,1	36,8	6,9	139,1	136,1
Verdaut........	587,7	572,1	64,6	55,3	12,7	138,4	356,4

III. Periode: Grundfutter.

Im Futter aufgenommen	894,6	846,7	93,4	81,4	13,8	331,2	408,3
Im Kot ausgeschieden..	360,5	329,2	39,5	36,0	7,0	152,1	130,6
Verdaut........	534,1	517,5	53,9	45,4	6,8	179,1	277,7

IV. Periode: Roggenkleie von 82%.

Im Futter aufgenommen	1117,6	1057,6	127,4	111,4	23,8	349,7	556,6
Im Kot ausgeschieden..	438,6	396,7	50,1	46,7	9,1	166,4	171,1
Verdaut........	679,0	660,9	77,3	64,7	14,7	183,3	385,5

Verdaute Nährstoffmengen. (Fortsetzung.)

	Trockensubstanz	Organische Substanz	Rohprotein	Reineiweiß	Rohfett	Rohfaser	N-freie Extraktstoffe
	g	g	g	g	g	g	g

V. Periode: Roggenkleie von 95%.

Im Futter aufgenommen	1114,3	1058,1	129,9	113,6	25,8	349,5	552,9
Im Kot ausgeschieden..	449,6	410,0	50,1	46,3	8,1	165,7	186,1
Verdaut	664,7	648,1	79,8	67,3	17,7	183,8	366,8

VI. Periode: Roggenkeime.

Im Futter aufgenommen	1025,3	971,6	132,5	115,1	26,2	340,0	472,9
Im Kot ausgeschieden..	379,7	341,2	45,5	42,0	8,0	150,5	137,3
Verdaut	645,6	630,4	87,0	73,1	18,2	189,5	335,6

	Trockensubstanz	Organische Substanz	Rohprotein	Reineiweiß	Rohfett	Rohfaser	N-freie Extraktstoffe
	g	g	g	g	g	g	g

II. Periode: Kleie n. 65%.

Wirklich verdaut ..	587,7	572,1	64,6	55,3	12,7	138,4	356,4
Ab für Grundfutter .	404,2	393,9	41,7	34,4	5,2	135,9	211,1
Verdaut von der Kleie	183,5	178,2	22,9	20,9	7,5	2,5	145,3

IV. Periode: Kleie n. 82%.

Wirklich verdaut ..	679,0	660,8	77,3	64,7	14,7	183,3	385,5
Ab für Grundfutter .	534,1	517,5	53,9	45,4	6,8	179,1	277,7
Verdaut von der Kleie	144,9	143,3	23,4	19,3	7,9	4,2	107,8

V. Periode: Kleie n. 95%.

Wirklich verdaut ..	664,7	648,1	79,8	67,3	17,7	183,8	366,8
Ab für Grundfutter .	534,1	517,5	53,9	45,4	6,8	179,1	277,7
Verdaut von der Kleie	130,6	130,6	25,9	21,9	10,9	4,7	89,1

VI. Periode: Keime.

Wirklich verdaut ..	645,6	630,4	87,1	73,1	18,2	189,5	335,6
Ab für Grundfutter .	534,1	517,5	53,9	45,4	6,8	179,1	277,7
Verdaut v. d. Keimen	111,5	112,9	33,2	27,7	11,4	10,4	57,9

Hieraus errechnen sich folgende Verdauungskoeffizienten:

	Organische Substanz	Rohprotein	Reineiweiß	Rohfett	Rohfaser	N-freie Extraktstoffe
	%	%	%	%	%	%
Kleie n. 65% ...	82,53	78,96	77,4	87,2	20,0	80,22
,, ,, 82% ...	67,97	68,80	64,33	79,00	23,27	72,96
,, ,, 95% ...	61,77	70,96	68,00	90,84	25,68	61,61
Roggenkeime ...	90,40	84,9	82,19	91,95	11,82	89,62

Hieraus ergibt sich für die untersuchten Mahlprodukte folgender Gehalt an verdaulichen Nährstoffen:

	Roggenkleie n. 65 %		Roggenkleie n. 82 %		Roggenkleie n. 95 %		Roggenkeime	
	Rohnährstoffe	Verdaul. Nährstoffe	Rohnährstoffe	Verdaul. Nährstoffe	Rohnährstoffe	Verdaul. Nährstoffe	Rohnährstoffe	Verdaul. Nährstoffe
Rohprotein	12,91	10,19	15,23	10,27	16,60	11,78	29,91	25,42
Rohfett	3,82	3,33	4,45	3,52	5,45	4,95	9,47	8,71
Rohfaser	5,57	1,11	8,28	1,93	8,33	2,14	6,70	0,79
N-freie Extraktstoffe	73,83	59,23	66,58	48,4	65,83	40,56	49,40	44,27

Der Gehalt an verdaulichem Reineiweiß und Stärkewert ergibt sich (letzterer nach Kellner berechnet) dann wie folgt:

Verdauliches Eiweiß in der Trockensubstanz %	Stärkewert in der Trockensubstanz %
Roggenkleie 65 proz. Ende . 9,31	bei Wertigkeit 81 v. 76,15 = 61,7
„ 82 proz. „ . 8,63	„ „ 79 v. 65,77 = 51,96
„ 95 proz. „ . 9,96	„ „ 76 v. 62,31 = 47,36
Roggenkeime 21,19	„ „ 100 v. 83,44 = 83,44

Das Ergebnis dieses Versuches entspricht also durchaus denen der früheren Versuche insofern, als mit zunehmender Ausmahlung eine Kleie von fortschreitend geringerem Futterwert erhalten wird. Im übrigen ist der errechnete Stärkewert nahezu der gleiche wie bei den Rostocker Versuchen, er erscheint auch bei der höchst ausgemahlenen Kleie als immerhin noch recht beträchtlich.

Im folgenden soll nun das Ergebnis der Respirationsversuche wiedergegeben werden:

Respirierte Gasmengen in Litern in 24 Stunden.

		CO_2	O_2	CH_4
I. Periode	1. Tag 29. VI. 1922	324,0	361,3	20,7
	2. „ 6. VII. 1922	337,2	368,0	19,0
	im Mittel	332,6	364,6	19,9
II. Periode	1. Tag 18. VII. 1922	359,8	363,9	25,2
	2. „ 22. VII. 1922	387,4	400,0	29,2
	im Mittel	373,6	382,0	27,2
III. Periode	1. Tag 9. VIII. 1922	346,7	352,7	25,5
	2. „ 15. VIII. 1922	356,6	358,3	26,3
	im Mittel	351,7	355,5	25,9
IV. Periode	1. Tag 24. VIII. 1922	389,6	387,8	30,3
	2. „ 29. VIII. 1922	413,1	419,4	31,0
	im Mittel	401,4	403,6	30,6

Respirierte Gasmengen in Litern in 24 Stunden. (Fortsetzung.)

		CO_2	O_2	CH_4
V. Periode....	1. Tag 11. IX. 1922	413,3	407,5	23,7
	2. ,, 15. IX. 1922	413,6	410,5	30,3
	im Mittel	413,5	409,0	27,0
VI. Periode....	1. Tag 27. IX. 1922	398,5	406,1	26,8
	2. ,, 2. X. 1922	395,2	400,1	26,9
	im Mittel	396,9	403,1	26,9

Elementaranalyse des Harns.
(Mittelwert aus zwei übereinstimmenden Analysen.)

	Tagesmenge cm^3	Je 10 cm^3 ergeben an CO_2 g	O_2 g	Kalorien
I. Periode ..	1401,0	0,4699	0,3026	0,867
II. ,, ..	1241,5	0,5304	0,4477	1,4115
III. ,, ..	1289,0	0,469	0,383	1,1219
IV. ,, ..	1199,0	0,5774	0,473	1,519
V. ,, ..	1802,0	0,343	0,300	0,9172
VI. ,, ..	1364,0	0,3742	0,3801	1,1334

Elementaranalyse und Calorimetrie der Futtermittel und der Kote, auf 1 g Trockensubstanz berechnet.
(Mittelwert von zwei übereinstimmenden Analysen.)

	CO_2 g	O_2 g	Kalorien
1. Futtermittel.			
Kleeheu	1,6772	1,2691	4,5298
Roggenkleie n. 65% ..	1,6782	1,3238	4,4963
,, n. 82% ..	1,6936	1,3698	4,5931
,, n. 95% ..	1,7223	1,4040	4,6922
Roggenkeime	1,7694	1,4769	4,9697
2. Kote.			
I. Periode	1,7704	1,3915	4,6808
II. ,, ...	1,7595	1,3991	4,7151
III. ,, ...	1,7689	1,3975	4,6657
IV. ,, ...	1,7524	1,3977	4,6634
V. ,, ...	1,7544	1,3873	4,6678
VI. ,, ...	1,7464	1,3971	4,6512

Wir geben nun die Bilanzen der einzelnen Perioden, die in diesem Versuch durchweg in Liter CO_2 und O_2 errechnet worden sind.

Zur Berechnung des Energieumsatzes ist es nötig, den kalorischen Wert der im Stoffwechsel umgesetzten Substanzmenge zu kennen. Beim Wiederkäuer ist dies nicht ohne weiteres auf Grund der respirierten Gasmengen zu berechnen, da die Anwesenheit von Gärungskohlensäure den wahren Wert der aus dem Gaswechsel stammenden Kohlensäure verdeckt und somit die Verwendung der Zuntzschen Formel[1]) unmöglich macht. Zur Umgehung dieser Schwierigkeiten bedienten wir uns der von Andersen[2]) angegebenen Berechnungsart und verwendeten hierbei zur Errechnung der auf den Eiweißumsatz entfallenden Mengen von CO_2, O_2 und Cal. die gleichen Zahlen wie in unserer zitierten früheren Arbeit[3]).

	Gebildete CO_2-Menge 1	Verbrauchte O_2-Menge 1	Gebildete Kalorien
I. Periode.			
800 g Kleeheu	610,84	635,53	3242,0
Davon mit Kot wieder ausgeschieden	280,67	303,32	1458,1
Verdaut	330,17	332,21	1783,9
Verlust in brennbaren Gasen (CH_4)	19,90	39,80	189,9
Im Körper verblieben	310,27	292,41	1594,0
Im Harn ausgeschieden	33,49	29,67	121,5
Verfügbarer Rest	276,78	262,74	1472,5
Respiriert	332,60	364,50	1773,2
Aus dem Körper zugesetzt	55,82	101,76	300,7
Hiervon entfällt auf zersetztes Eiweiß	3,55	4,48	20,5
Folglich aus N-freien Stoffen vom Körper zugesetzt	52,27	97,28	280,2
II. Periode: Tagesdurchschnitt.			
Einnahme 800 g Kleeheu	610,84	635,53	3242,0
250 g Kleie von 65%	191,81	208,05	1009,9
Einnahme insgesamt	802,65	843,58	4251,9
Mit Kot ausgeschieden	315,72	345,17	1662,5
Verdaut	486,93	498,41	2589,4
Verlust in brennbaren Gasen	27,20	54,40	259,7
Im Körper verblieben	459,73	444,01	2329,7
Im Harn ausgeschieden	32,78	38,05	171,4
Verfügbarer Rest	426,95	405,96	2158,3
Respiriert	373,60	382,00	1880,2
Angesetzt	53,35	23,96	278,1
In Form von Eiweiß angesetzt	1,28	1,62	7,4
Als Fett angesetzt	52,07	22,34	270,7

[1]) Zuntz und Schumburg: Physiologie des Marsches, S. 260.
[2]) Andersen: Biochem. Zeitschr. Bd. 130, S. 143.
[3]) Scheunert, Klein und Steuber: Biochem. Zeitschr. Bd. 133, S. 137.

	Gebildete CO_2-Menge l	Verbrauchte O_2-Menge l	Gebildete Kalorien
III. Periode.			
Einnahme 1000 g Kleeheu	763,55	794,40	4052,4
Im Kot ausgeschieden	324,53	352,52	1682,0
Verdaut	439,02	441,88	2370,4
Verlust in brennbaren Gasen (CH_4)	25,90	51,80	247,1
Im Körper verblieben	413,12	390,08	2123,3
Im Harn ausgeschieden	30,76	34,54	144,6
Verfügbarer Rest	382,36	355,54	1978,7
Respiriert	351,70	355,50	1755,7
Für Ansatz	30,66	0,04	223,0
Als Eiweiß (0,9 g) angesetzt	0,89	1,10	5,2
Als Fett angesetzt	29,77	—1,06	218,8
IV. Periode.			
1000 g Kleeheu	763,55	794,40	4052,4
250 g Kleie n. 82%	192,20	213,74	1024,3
Einnahme insgesamt	955,75	1008,14	5076,7
Im Kot ausgeschieden	391,15	428,93	2045,4
Verdaut	564,60	579,21	3031,3
Verlust in brennbaren Gasen (CH_4)	30,60	61,20	291,9
Im Körper verblieben	534,00	518,01	2739,4
Im Harn ausgeschieden	35,22	39,68	182,1
Verfügbarer Rest	498,78	478,33	2557,3
Respiriert	401,40	403,60	1992,7
Für Ansatz	97,38	74,73	565,8
Als Eiweiß (6.6 g) angesetzt	6,50	8,22	37,6
Als Fett angesetzt	90,88	66,51	528,2
V. Periode.			
1000 g Kleeheu	763,55	794,40	4052,4
250 g Roggenkleie n. 95%	192,57	215,83	1030,9
Einnahme insgesamt	956,12	1010,23	5083,3
Im Kot ausgeschieden	401,41	436,44	2098,6
Verdaut	554,71	573,79	2984,7
Verlust in brennbaren Gasen	27,00	54,00	257,6
Im Körper verblieben	527,71	519,79	2727,1
Im Harn ausgeschieden	31,45	37,83	165,3
Verfügbarer Rest	496,26	481,96	2561,8
Respiriert	413,50	409,00	2027,7
Für Ansatz	82,76	72,96	534,1
Als Eiweiß (4,5 g) angesetzt	4,43	5,61	25,6
Als Fett angesetzt	78,33	67,35	508,5

	Gebildete CO_2-Menge	Verbrauchte O_2-Menge l	Gebildete Kalorien
VI. Periode.			
1000 g Kleeheu	763,6	794,4	4052,4
150 g Keimlinge	117,7	135,1	649,5
Einnahme insgesamt	881,3	929,5	4701,9
Im Kot ausgeschieden	337,5	371,2	1766,1
Verdaut	543,8	558,3	2935,8
Verlust in brennbaren Gasen	26,9	53,8	256,6
Im Körper verblieben	516,9	504,5	2679,2
Im Harn ausgeschieden	26,0	36,3	154,6
Verfügbarer Rest	490,9	468,2	2524,6
Respiriert	396,9	403,1	1983,2
Für Ansatz	94,0	65,1	541,4
Als Eiweiß (5,2 g) angesetzt	5,1	6,5	29,6
Als Fett angesetzt	88,9	58,6	511,8

Zur Ermittelung des Produktionswertes der Kleien müssen wieder die beiden ersten Perioden besonders behandelt werden, da in ihnen die Grundfutterration nur 800 g Kleeheu betrug. Diese hatten, wie aus der Bilanztabelle der I. Periode hervorgeht, nicht ausgereicht, um das Tier im Stoffwechselgleichgewicht zu halten. Das Tier hatte sogar eine gewisse Menge seiner Körpersubstanz zugesetzt. Durch Zulage der Roggenkleie (nach 65 proz. Ausmahlung) in Menge von 250 g war nun nicht nur diese Unterbilanz ausgeglichen worden, sondern es hatte auch noch ein Ansatz sowohl an Eiweiß, wie an Fett, stattfinden können. Da die zur Erzielung dieses Erfolges benötigten Nährstoffe aus der Kleie stammen müssen, stellen sie das Maß für den Nährwert der Kleie dar. Bei den anderen Kleien ist die III. Periode, die als Grundfutterperiode für die mit ihnen angestellten Versuche gedient hat, zugrunde zu legen.

Es gelangen zum Ansatz	Protein	N-freie Substanz, die bei der Verbrennung ergibt bzw. verbraucht		
	g	CO_2 l	O_2 l	Cal
II. Periode.				
Grundfutter + 250 g Kleie 65 proz. Ende .	1,3	52,07	22,34	270,7
Beim Grundfutter, 800 g Kleeheu, wurde zugesetzt	3,6	52,27	97,28	280,2
Aus 250 g Roggenkleie 65 proz. Ende . . .	4,9	104,34	119,62	550,9
Umgerechnet in Fett		73,5	60,2	57,7
Im Mittel Gramm Fett		63,8		

Es gelangen zum Ansatz	Protein g	N-freie Substanz, die bei der Verbrennung ergibt bzw. verbraucht		
		CO_2 l	O_2 l	Cal
IV. Periode.				
Grundfutter + 250 g Kleie 82 proz. Ende .	6,6	90,88	66,51	528,2
Als Grundfutter 1000 g Kleeheu	0,9	29,77	—1,06	218,8
Aus 250 g Roggenkleie 82 proz. Ende . . .	5,7	61,11	67,57	309,4
Umgerechnet in Fett		43,1	34,0	32,4
Im Mittel Gramm Fett				36,5
V. Periode.				
1000 g Kleeheu + 250 g Kleie 95 proz. Ende	4,5	78,33	67,35	508,5
Aus 1000 g Kleeheu	0,9	29,77	—1,06	218,8
Aus Roggenkleie 250 g von 95 proz. Ende .	3,6	48,56	68,41	289,7
Umgerechnet in Fett		34,2	34,4	30,4
Im Mittel Gramm Fett				33,0
VI. Periode.				
1000 g Kleeheu + 150 g Roggenkeime . .	5,2	88,90	58,6	511,8
Aus 1000 g Kleeheu	0,9	29,77	—1,06	218,8
Aus 150 g Roggenkeimen	4,3	59,13	59,66	293,0
Umgerechnet in Fett		41,7	30,0	30,7
Im Mittel Gramm Fett				34,1

Zur Ermittelung des Produktionswertes ist hieraus der Stärkewert zu berechnen. Er setzt sich aus dem Ansatz zusammen, den das Tier an Fett und Fleisch erfahren hat. Wir ermitteln dazu zunächst die wirklich angesetzten Kalorien.

	Ansatz	g	Kalorien
250 g Roggenkleie . . .	Protein	4,9	27,9
Vom 65iger Ende . . .	Fett	63,8	608,6
		Zusammen	636,5
250 g Roggenkleie . . .	Protein	5,7	32,4
Vom 82iger Ende . . .	Fett	36,5	348,2
		Zusammen	380,6
250 g Roggenkleie . . .	Protein	3,6	20,5
Vom 95iger Ende . . .	Fett	33,0	294,8
		Zusammen	315,3
150 g Roggenkeime . .	Protein	4,3	24,5
	Fett	34,1	325,3
		Zusammen	349,8

Umgerechnet auf 100 g Trockensubstanz der untersuchten Kleien und Roggenkeime, ergeben sich hieraus folgende Mengen an Kalorien und Stärkewerten, die von unserem Versuchstier angesetzt wurden.

	Kalorien	St.-W.
Aus 100 g Roggenkleie n. 65% . .	283,4	120,1
,, 100 g ,, n. 82% . .	170,7	72,3
,, 100 g ,, n. 95% . .	143,5	60,8
,, 100 g Roggenkeimen	267,6	113,4

Diese Werte sind überraschend hoch und übersteigen weit die Zahlen, die auf dem von Kellner angegebenen Berechnungswege aus den verdaulichen Nährstoffen erhalten wurden.

Insbesondere fällt der hohe Stärkewert der Kleie nach 65 proz. Ausmahlung auf, der mit 120% den der reinen Stärke übersteigt. Wir finden für diese hohen Werte keine andere Erklärung als die, daß tatsächlich die Kleien bei unserem Versuchstier einen so hohen Nährwert besitzen. Hieraus würde weiter zu schließen sein, daß die mit der Kellnerschen Berechnungsmethode gewonnenen Werte keine allgemeine Gültigkeit für alle Wiederkäuer und Fütterungsverhältnisse haben. Wir werden durch Kontrollversuche, die ebenfalls ähnliche hohe Werte ergaben, in diesem Schlusse bestärkt.

Für die Aufgabe der vorliegenden Untersuchungen ist das Ergebnis auch der Respirationsversuche durchaus eindeutig und steht im Einklang mit den rechnerischen Ergebnissen der Ausnutzungsversuche in Rostock und Berlin: Mit zunehmendem Ausmahlungsgrad nimmt der Produktionswert der Kleien ab.

Vierter Teil.

Gesamtergebnisse:
Die Auswertungsmöglichkeiten des Roggens.

Im ersten Abschnitt dieser Mitteilungen wurde im einzelnen dargelegt, welche Bedeutung die Verschiedenheit der Ausmahlung für die Verdaulichkeit des erbackenen Brotes beim kräftigen und gesunden Menschen hat und welche sonstigen Erfahrungen über den Wert der Broternährung im allgemeinen gewonnen worden sind. Der zweite und dritte Abschnitt handelt von der Verdaulichkeit der Kleie bei Tieren; sie ist günstiger, als wenn den Menschen dieses Material von Brot aus Mehl bei starker Ausmahlung dargeboten wird. Außerdem wurde bestimmt, wie groß die Ergebnisse der Mast hinsichtlich der Bildung von Fleisch und Fett beim Tier gewesen sind. Die Kleien eignen sich insbesondere beim Wiederkäuer sehr gut zu Mastzwecken und ermöglichen dadurch eine Abkürzung der Haltung der Masttiere, die zu einer Ersparnis des sonst zur Deckung des Unterhaltungsbedarfes benötigten Futters führt. Die Kleien sind ferner gute Milchfuttermittel und äußern auch diätetisch günstige oft gewünschte Wirkungen.

Die Landwirtschaft zieht aus dem, was Mensch und Tier genießen, noch den Gewinn an Dungstoffen. Für den Menschen ist die Größe des Abfalls von Harn und Kot genau bestimmt worden, ebenso für die Kleiefütterung bei den Tieren, es läßt sich also für obige Untersuchungen angeben, wieviel Dungstoffe im einzelnen abfallen. Die Mengen der organischen Stoffe des Düngers werden des einheitlichen Vergleichs wegen im folgenden auch in Wärmeeinheiten ausgedrückt.

Nach diesen Vorbemerkungen wird nun auf die Versuchsergebnisse im einzelnen eingegangen werden.

Aus den Versuchen von Honcamp und Pfaff, mit denen die von Scheunert, Klein und Steuber durchaus übereinstimmen, ergibt sich folgende Zusammenstellung über die Zusammensetzung und Verdaulichkeit der Roggenabfälle (Kleien und Keimlinge).

100 Teile enthalten:

	Roggenkleie n. 65% Ausmahlung		Roggenkleie n. 82% Ausmahlung		Roggenkleie n. 95% Ansmahlung		Keimlinge	
	Rohnährstoffe	Verdaulich	Rohnährstoffe	Verdaulich	Rohnährstoffe	Verdaulich	Rohnährstoffe	Verdaulich
Rohprotein ..	13,15	10,10	15,35	11,21	16,56	10,90	30,33	28,48
N-fr. Extrakt. .	75,38	65,81	67,56	54,12	67,20	42,67	51,43	45,05
Rohfett....	3,63	2,58	4,51	2,98	4,94	3,83	8,79	7,83
Rohfaser ...	4,06	0,18	7,22	4,96	7,64	—	4,84	—

Die Keimlinge sind ein protein- und fettreiches Futtermittel von sehr hoher Verdaulichkeit, aus ganz anderem Zellmaterial bestehend wie die üblichen „Kleien". Die gute Verdaulichkeit der Roggenkeimlinge ist 1916 schon von Rubner am Hunde (Arch. f. Anat. u. Phys. 1916, S. 123 ff.) nachgewiesen worden. Der Hund resorbiert das Eiweiß fast völlig, nur die Zellmembran ist schwer verdaulich, sie stammt wahrscheinlich zum Teil von beigemengter wirklicher Kleie. Auch für den Menschen hat Rubner beim Genuß eines Brotes, das aus $^4/_5$ Weizenmehl und $^1/_5$ Roggenkeimlingen bestand, gefunden, daß die Keimlinge für den Menschendarm ein leicht resorbierbares Material vorstellen, die Zellmembranen werden zu $^7/_{10}$ verdaut (Arch. f. Anat. u. Phys. 1916, S. 356).

Ganz anders verhält sich die Kleie. In den Versuchen am Hammel zeigt sich, daß einerseits der Gehalt an Nährstoffen, Protein und Fett zunimmt, wenn die abfallenden Kleiemengen geringer werden, andererseits nimmt aber die Verdaulichkeit von Eiweiß und N-freien Extrakten mit dem Prozentausmahlungsgrad ab, d. h. die Kleie hochprozentiger Ausmahlung wird zunehmend minderwertiger als Tierfutter.

Die bei verschiedener Ausmahlung abfallende Kleie wurde als Zulage zu Kleeheu am Hammel verfüttert. Scheunert hat

für 100 g Roggenkleie nach 65% Ausmahlung als Ansatz
   nachgewiesen . . . . 283,4 Kalorien
für 100 g Roggenkleie nach 82% Ausmahlung als Ansatz
   nachgewiesen . . . . 170,7 „
für 100 g Roggenkleie nach 92% Ausmahlung als Ansatz
   nachgewiesen . . . . 143,5 „
für 100 g Roggenkeime als Ansatz . . . . 267,6 „

Der Ansatz besteht aus Protein und Fett, und zwar, wie sich berechnen läßt:

bei 65% Ausmahlung aus 4,38% Eiweißkalorien und 95,62% Fettkalorien,
in absoluter Zahl: 12,4 Eiweißkalorien, 271,5 Fettkalorien,
in Gramm: 12,4 g Fleisch, 29,1 g Fett,
für die Ausmahlung 82% aus 8,51% Eiweißkalorien und 91,49% Fettkalorien,
in absoluter Zahl: 14,53 Eiweißkalorien, 156,2 Fettkalorien,
in Gramm: 14,93 g Fleisch, 16,7 g Fett,
für 95% Ausmahlung aus 6,11% Eiweißkalorien und 93,84% Fettkalorien,
in absoluter Zahl: 8,77 Eiweißkalorien, 134,8 Fettkalorien,
in Gramm: 8,77 g Fleisch, 14,5 g Fett,

Für die Keimlinge:
etwa 98% Ausmahlung aus 7,00% Eiweißkalorien und 93,0% Fettkalorien.
in absoluter Zahl: 18,77 Eiweißkalorien und 248,8 Fettkalorien,
in Gramm: 18,77 g Fleisch, 26,7% Fett.

Der Gewinn an Protein, d. h. Fleisch, ist in allen Fällen relativ gering, am dürftigsten bei der 95 proz. Ausmahlung, am besten bei den Keimlingen. Der Hauptgewinn ist Fett, am günstigsten bei 65 proz. Ausmahlung und den Keimlingen, am geringsten bei hoher Ausmahlung.

Aus 100 g trockenem Roggen ergeben sich beim Menschen:

Ausmahlung	Als Nutzeffekt: resorbierte Kalorien	Abfall Harn Kalorien	Abfall Kot Kalorien
bei 65%	247,6	3,9	17,2
„ 82%	296,9	4,41	40,3
„ 95%	343,7	5,81	53,8
„ 95% Schrot	331,6	5,31	62,8

Je weniger Kleie ausgemahlen wird, um so mehr erhält man also verdautes Brot, auch die verdaute Eiweißmenge steigt.
Von 100 g Trockenmehl werden verwertet:

bei 65% Ausbeute (absolut) . . . 0,509 g N
„ 82%   „   . . . . 0,646 g N
„ 95%   „   . . . . 0,813 g N
„ 95% geschrotet . . . . 0,772 g N

Bei der Verfütterung an die Tiere hat sich als Nutzeffekt einerseits der Erfolg der Mast buchen lassen, außerdem hinterblieb

— 48 —

noch eine bestimmte Menge an Dungstoffen, die wir der einfachen Darstellung zuliebe auch in Kalorien zusammenfassen wollen. Das Ergebnis der Berechnung enthält die folgende Tabelle:

Ausmahlung des Kornes	Teile Kleie	Kalorien aus Mast	Kalorien im Harn	Kalorien im Kot
65%	35	99,2	7,8	31,9
82%	18	30,8	3,0	29,3
95%	5	7,2	0,5	9,5
95% (Schrot) . . .	5	7,2	0,5	9,5

Einzelberechnung der Verluste.

1. 65 proz. Ausmahlung.

Es wurden ausgeschieden	In Kot Kalorien	In Harn Kalorien
bei 250 g Kleie + 800 g Kleeheu, II. Periode .	1662,5	171,4
bei 800 g Kleeheu, I. Periode	1458,1	121,5
Von den 250 g Kleie stammten	204,4	49,9

Diese 250 g Kleie enthielten 224,6 g Trockensubstanz

Abfallwert von 35 g Trockenkleie $\frac{204,4}{224,6} \cdot 35$ $\frac{49,9}{224,6} \cdot 35$

```
  54 407       19 266       19 266
  35 141       31 048       69 810
  19 266       50 314       89 076
               31,9          7,8
```

2. 82 proz. Ausmahlung.

Es wurden ausgeschieden	In Kot Kalorien	In Harn Kalorien
bei 250 g Kleie + 1000 g Kleeheu, IV. Periode	2045,4	182,1
bei 1000 g Kleeheu, III. Periode	1682,0	144,6
Von 250 g Kleie stammten	363,4	37,5

Diese 250 g Kleie enthielten 223,0 g Trockensubstanz.

Abfallwert aus 18 g Trockenkleie $\frac{363,4}{223} \cdot 18$ $\frac{37,5}{223} \cdot 18$.

```
  25 527       90 697       90 697
  34 830       56 038       57 403
  90 697      146 735      148 100
               29,3          3,0
```

3. 95 proz. Ausmahlung.

Es wurden ausgeschieden	In Kot Kalorien	In Harn Kalorien
bei 250 g Kleie + 1000 g Kleeheu, V. Periode.	2098,6	165,3
bei 1000 g Kleeheu, III. Periode	1682,0	144,6
Von 250 g Kleie stammten	416,6	20,7

Diese 250 g Kleie enthielten 219,7 g Trockensubstanz.

Abfallwert aus 5 g Trockensubstanz $\frac{416,6}{219,7} \cdot 5 \quad \frac{20,7}{219,7} \cdot 5$.

Auf Grund dieser Zahlen läßt sich jetzt zum ersten Male einwandfrei nachweisen, ob die eine oder andere Art der Ausmahlung unter Verwertung der Kleie zur Tierfütterung im Sinne der Volksernährung und unserer Nahrungsvorräte rationeller ist. Die nachstehende Tabelle gibt die deutliche Antwort auf diese oft aufgeworfene Frage.

Gesamtgewinn des Menschen an Nahrung in Kalorien.

Bei % Ausmahlung	Aus Brot	Aus Tiermast	Summe
65	247,5	99,2	**346,8**
82	296,6	30,8	**327,4**
95	343,7	7,2	**350,9**
95 proz. geschrotet	331,6	7,2	**338,8**

Das Resultat ist überraschend. **Durch die Abtrennung der Kleie aus dem Korn wird zwar die verdauliche Brotmenge vermindert, der Mastgewinn hebt aber diesen Verlust völlig auf; der Mensch erhält bei geringerer Ausmahlung eine andere Art der Ernährung, zum Brot bekommt er einen kleinen Anteil aus Fleisch und eine mehr oder minder erhebliche Zulage an Fett.**

Der Gewinn besteht also bei:

65 proz. Ausmahlung aus 4,34 g Fleisch = 0,147 N und 10,18 g Fett
82 ,, ,, ,, 2,61 g ,, = 0,088 N ,, 3,00 g ,,
95 ,, ,, ,, 0,44 g ,, = 0,015 N ,, 0,72 g ,,
95 ,, geschrotet 0,44 g ,, = 0,015 N ,, 0,72 g ,,

Die resorbierte N-Menge wird durch die „Fleischzulage" für 100 g trockenes Mehl:

bei 65 proz. Ausmahlung 0,656 g (Getreide und Fleischstickstoff)
,, 82 ,, ,, 0,734 g N
,, 95 ,, ,, 0,828 g N
,, 95 ,, geschrotet 0,787 g N

Der Gewinn an „Fleisch" tritt gegenüber dem Gewinn an Fett bei der Kleiefütterung in diesen Versuchen zurück. Man sieht aber, daß bezüglich des resorbierten Stickstoffs zwischen den verschiedenen Brotsorten aus Mehl verschiedener Vermahlung kaum ein Unterschied ist oder doch nur ein so geringer, der praktisch für die Eiweißversorgung des Menschen im Durchschnitt gar nicht in die Wagschale fällt. Die Vorstellung von dem wesentlichen Gewinn der menschlichen Ernährung an Eiweiß durch stärkere Ausmahlung des Kornes beruht also auf irrigen Voraussetzungen.

Die Teilung des Kornes in Mehl und Kleie bringt bei schwacher Ausmahlung und Tierfütterung eine qualitative, wesentliche Verbesserung der Ernährung durch Einfügung des Fettes, das auch hinsichtlich der Kochmöglichkeiten eine größere Mannigfaltigkeit erlaubt.

Vom landwirtschaftlichen Standpunkte aus muß noch ein Wort zur Düngerfrage gesagt werden.

Der Dünger besteht aus den anorganischen Nährstoffen, die als solche unvernichtbar, bei verschiedener Verteilung von Mehl und Kleie zwischen Mensch und Tier in den Abgängen auftreten. Was die organischen Bestandteile anlangt, so haben wir folgendes — gleichheitlich in Kalorien ausgedrückt:

	Dungstoffe vom Menschen	Dungstoffe vom Tier	Summe
	Kalorien	Kalorien	Kalorien
65 proz. Ausmahlung 35 Kleie	21,1	39,7	60,8
82 ,, ,, 18 ,,	47,7	12,3	80,0
95 ,, ,, 5 ,,	59,6	10,0	69,6
95 ,, ,, 5 Schrot	68,1	10,0	78,1

Es bleibt somit zwar die Menge der Abfallwerte bei 65 proz. Ausmahlung am geringsten, aber die Unterschiede zwischen den übrigen Ausmahlungsgraden verwischen sich doch sehr, und das Dominieren der menschlichen Abfallstoffe wird ausgeglichen. Auch mag nochmals darauf hingewiesen sein, daß in den allerseltensten Fällen der menschliche Dung überhaupt landwirtschaftlich zu gewinnen ist, soweit die Abgänge von Stadtbewohnern in Frage kommen.

Fügt man aber auch noch den gesamten Dungwert dem Nutzeffekt des Nahrungsgewinnes bei Mensch und Tier hinzu, so ergibt sich folgende Zusammenstellung für 100 g trocknes Roggenmehl:

Ausmahlung des Kornes	Nahrungsgewinn bei Mensch und Tier	Dung von Mensch und Tier	Summe
65 proz.	346,8	60,8	407,6
82 ,,	327,4	80,0	407,4
95 ,,	350,9	69,6	420,5
95 ,, Schrot	338,8	78,1	416,9

Dieses Ergebnis kann als ein Beweis gelten, daß wir alle Vorgänge bei der Ernährung des Menschen und bei der Tierernährung analytisch vollkommen erfaßt haben, denn 100 g trockenes Mehl haben durchschnittlich direkt bestimmt 423,2 Kalorien geliefert. Wir erhalten aus obigen Zahlen im Mittel 413,2 Kalorien wieder, was bei der Kompliziertheit solcher Versuche an sich schon eine vollkommene Übereinstimmung bedeuten würde, da wir nur ein Defizit von 2,37% finden. Es kann aber recht wohl die kleine Differenz darauf zurückzuführen sein, daß durch die Zulage der Kleie bei der Fütterung eine gewisse Steigerung des Stoffwechsels eintritt[1]). Bei der Umwandlung von Kohlenhydraten in Fett scheint nach neueren Versuchen von Lusk ein Energieverlust nicht einzutreten.

Die vorliegenden Versuche sind für die landwirtschaftliche Betrachtung der Brotfrage von großer Bedeutung, sie haben aber auch für die Volksernährung einen hohen Wert, weil sie wieder zeigen, daß bei der rationellen Einschaltung der Viehfütterung und der Viehmast in den Kreis der Verwertung des Kornes ein Verlust an Nährstoffen nicht einzutreten braucht. Dies geschieht, wie schon früher bemerkt, eben nur für den Fall, daß die Kleie als Beikost an solche Tiere gefüttert wird, deren Erhaltungsfutter aus Material, das der menschlichen Kost nicht entzogen wird (Heu, Klee usw.) besteht.

Diese rationelle Arbeitsteilung der Verdauung der Getreideanteile zwischen Mensch und Tier gilt jedenfalls nicht für den Roggen allein, sondern ebenso gut für den Weizen, also für beide wesentlichen Brotfrüchte unserer nationalen Ernährung.

Die immer neu auftauchenden Bestrebungen der technischen Verarbeitung des Kornes unter immer weitergehender Zermahlung der Kleie, um diese der menschlichen Ernährung zuzuführen, erscheinen uns jetzt in völlig anderem Licht und größtenteils entbehrlich.

[1]) Spezifische dynamische Wirkung benannt.

Verlag von Julius Springer in Berlin W 9

Die Ernährung des Menschen mit besonderer Berücksichtigung der Ernährung bei Leibesübungen. Von Geh. Obermedizinalrat Professor **Max Rubner**, Professor an der Universität Berlin.
Erscheint im August 1925

Verlag von Julius Springer in Wien

Lexikon der Ernährungskunde. Herausgegeben von Dr. E. Mayerhofer, Professor an der Universität Zagreb, und Dr. C. Pirquet, Professor an der Universität Wien.
1. Lieferung. A—B (Aal bis Butter). VIII, 144 Seiten. 1923. 5.20 Goldmark
2. Lieferung. C—G (Caju bis Geflügel). Mit 13 Abbildungen. Seite 145—336. 1925. 7.— Goldmark
3. Lieferung. G—K (Geflügeldünger bis Kwass). Mit mehreren Abbildungen. Etwa 17 Bogen. Erscheint im August 1925
Umfang des Gesamtwerkes etwa 40 Bogen.
Erscheint in etwa 6 Lieferungen

Kinderheilkunde und Pflege des gesunden Kindes für Schwestern und Fürsorgerinnen. Von Dr. C. Pirquet, o. ö. Professor für Kinderheilkunde an der Universität Wien, Vorstand der Univ.-Kinderklinik, Wien, und Dr. Edmund Nobel, Priv.-Doz. o. Ass. der Univ.-Kinderklinik, Lehrer der Krankenpflegeschule im Allgem. Krankenhaus Wien. Unter Mitarbeit von Oberschwester Hedwig Birkner und Lehrschwester Paula Panzer. Mit 28 Abbildungen im Text. (157 S.) 1925. 4.20 Goldmark
Bei gleichzeitiger Abnahme von 10 Exemplaren ermäßigt sich der Preis auf 3.78 Goldmark

Die Ernährung gesunder und kranker Kinder auf Grundlage des Pirquetschen Ernährungssystems. Von Privatdozent Dr. Edmund Nobel, Assistent der Univ.-Kinderklinik in Wien. Mit 11 Abbildungen. (74 S.) 1923. 1.50 Goldmark

Grundzüge des Pirquetschen Ernährungssystems. Von Privatdozent Dr. Edmund Nobel. Zweite Auflage. (12 S.) 1921.
0.20 Goldmark

Pelidisi-Tafel. Von Professor Dr. Clemens Pirquet. 4 Blatt zusammenhängend, zweifarbig. 1921. 0.40 Goldmark

Taschenbuch für praktische Untersuchungen der wichtigsten Nahrungs- und Genußmittel. Von Mag. pharm. Emanuel Senft. Dritte Auflage, umgearbeitet und vermehrt von Franz Adam, Mag. pharm., dipl. Lebensmittelexperte. Mit 7 Abbildungen im Texte und 8 Tafeln. (293 S.) 1919. 4.50 Goldmark

MIX
Papier aus verantwortungsvollen Quellen
Paper from responsible sources
FSC® C105338

If you have any concerns about our products,
you can contact us on
ProductSafety@springernature.com

In case Publisher is established outside the EU,
the EU authorized representative is:
**Springer Nature Customer Service Center GmbH
Europaplatz 3, 69115 Heidelberg, Germany**

Printed by Libri Plureos GmbH
in Hamburg, Germany